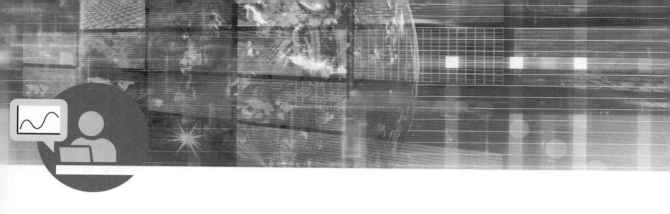

R 메타분석 쉽게 배우기

쉽게 배우기

프로그램 효과 검증과 구조방정식모형 분석

유성모 지음

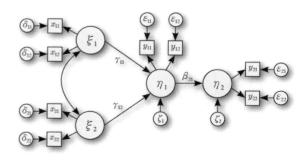

황소걸음
아카데미
Slow & Steady

R 메타분석 쉽게 배우기

펴낸날 | 2019년 3월 5일 초판 1쇄

지은이 | 유성모

만들어 펴낸이 | 정우진 강진영

펴낸곳 | 서울 마포구 토정로 222 한국출판콘텐츠센터 420호

편집부 | (02) 3272-8863

영업부 | (02) 3272-8865

팩 스 | (02) 717-7725

홈페이지 | www.bullsbook.co.kr

이메일 | bullsbook@hanmail.net

등 록 | 제22-243호(2000년 9월 18일)

**황소걸음
아카데미**
Slow & Steady

ISBN 979-11-86821-32-9 93310

교재 검토용 도서의 증정을 원하시는 교수님은
출판사 홈페이지에 글을 남겨 주시면 검토 후 책을 보내드리겠습니다.

이 도서의 국립중앙도서관 출판시도서목록(CIP)은 서지정보유통지원시스템 홈페이지
(http://seoji.nl.go.kr)와 국가자료공동목록시스템(http://www.nl.go.kr/kolisnet)에서
이용하실 수 있습니다. (CIP제어번호: CIP2019007014)

머리말 PREFACE

최근 10여 년 동안 국내 학술지에 발표된 논문 중 메타분석을 이용하거나 연구한 논문의 수는 수천 편에 이르는 것으로 조사되고 있다. 메타분석은 연구에 대한 연구로 불리고 있으며 관련된 분야에 대한 연구가 풍부할수록 그 연구물의 결과에 대한 일반화와 특성화에 대한 연구를 진행할 수 있다는 측면에서 매우 유용한 통계적 분석방법이다. 메타분석은 근본적으로 동질적인 개별연구에서 보고되고 있는 효과크기를 이용하여 전체적인 효과크기를 추정하고 통계적 유의성을 검정하는 방법으로 누적된 연구결과와 표본의 수가 증가할수록 표본오차가 작아지기 때문에 좀 더 정밀하게 효과크기를 추정할 수 있도록 도와준다. 하지만 동질적인 개별연구를 수집하고 분류하는 일은 쉬운 일이 아니며 이 과정을 주의 깊게 하지 못할 경우 많은 혼란을 초래할 수도 있다.

현대사회는 다양성의 시대이다. 다양성의 시대에 제반 문제의 현실적인 해결책을 찾기 위해서는 일반화도 중요하지만 수요자의 특성에 맞는 해결책을 제시하는 것 또한 매우 중요하다. 필자는 현실의 문제를 해결하기 위한 융합적인 방법론으로 뇌과학 기반 뇌활용 교육인 뇌교육의 가치를 잘 알고 있으며, 뇌교육 기반 제반 프로그램의 개발과 활용에 관심을 가지고 있다. 현실의 제반 문제를 해결하고자 하는 연구자는 우선 연구대상의 특정한 문제를 결정하여야 한다고 본다. 이를 필자는 연구주제라고 부른다. 연구대상은 노인, 중년, 청소년, 유아 등 일반적인 대상일수도 있으며 인구 20만 미만의 시에 거주하는 결손가정의 초등학교 5~6학년과 같이 매우 구체적이고 명시적일 수도 있다. 특정한 문제는 일반적으로 개념적 정의가 필요한 추상적인 개념으로 삶의 질, 우울, 통증, 영양상태 등으로 이를 변인으로 부를 수 있다. 필자는 현장의 문제를 해결하기 위한 고민을 하는 연구자는 뜨거운 가슴과 냉철한 이성을 가지고서 연구에 임해야 한다고 본다. 뜨거운 가슴은 연구대상이 가슴속에 들어와 있어야 한다는 의미이며, 냉철한 이성은 근거에 기반을 둔 과학적이고 논리적인 연구를 진행할 수 있는 이성을 가지고 있어야 한다는 의미이다.

현실의 문제를 해결하기 위한 프로그램을 발굴, 보완, 개발하고 보급하기 위해서는 연구대상의 특정한 문제의 본질이 무엇이고, 그 문제에 영향을 미치는 변인은 무엇이며, 그중 변화시킬 수 있는 변인과 변화시킬 수 없는 변인은 무엇인지 파악한 다음, 그러한 정보를 바탕으로 기존 프로그램에 대한 실태 파악과 개선, 보완, 개발 등의 작업을 진행하여야 한다고 본다.

현실의 문제를 해결하기 위한 노력의 일환으로 특정 프로그램을 개발 및 제시하고 그 프로그램이 연구대상의 특정 문제를 개선시킨다는 연구결과를 발표하는 방식이 전통적으로 채택되어 온 방법이지만, 현대에 이르러서는 수요자의 요구와 환경, 상황 등을 고려하여 수요자에 맞는 맞춤형 프로그램을 개발하여 보급하는 추세이다.

메타분석이 현실의 문제 해결을 위한 프로그램을 개발하여 보급하는 분야에 매우 유용한 방법이라고 필자는 확신한다. 기존의 문제 해결을 위한 다양한 프로그램의 종류와 효과크기를 분석하고 비교하는 것은 물론, 종속변인과 그 변인에 영향을 미치는 변인(독립변인, 매개변인, 조절변인)들 간의 구조적 관계를 토대로 새로운 형태의 융합적인 고객맞춤형 프로그램을 개발하고 제시하는 것이 메타분석을 통하여 가능하다고 본다. 프로그램의 효과 비교를 위해서는 Cohen과 Hedges 등이 제시한 표준화 평균 차를 이용한 메타분석이 필요하며, 종속변인에 영향을 미치는 변인들의 구조적 관계를 파악하고 종속변인에 미치는 영향의 크기를 파악하기 위해서는 효과크기로 상관계수를 이용한 메타분석이 필요하다.

국내 프로그램 효과 검증을 위한 메타분석 연구를 살펴보면 Cohen이 제시한 표준화 평균 차를 사용하는 상황에 있어서 다양한 버전이 존재하고 있는 것을 확인할 수 있다. 이 책은 실험집단과 통제집단을 설정하여 중재 전과 중재 후에 효과 변인을 측정한 연구 설계에서 통계적으로 권장되는 분석방법으로 메타분석을 실시하는 방법을 설명하고 있으며, 필자가 제시한 방법으로 진행하지 않을 경우 효과크기가 얼마나 과대 추정되는지를 최근의 연구를 기반으로 설명하고, 그에 대한 대안을 제시하고 있다.

효과변인에 영향을 미치는 변인에 대한 메타분석 연구를 살펴보면 상관관계에 대한 메타분석이 대부분을 차지하고 있는 실정이다. 하지만 종속변인에 영향을 미치는 변인들의 구조적 관계를 파악하여야만 그러한 변인들이 종속변인에 영향을 미치는 직접효과 및 간접효과를 알 수 있다. 최근 Cheung, Jak 등에 의해서 연구되어 발표되고 있는 메타분석적 구조방정식모형은 이러한 목적에 부합하는 방법이다.

이 책은 프로그램 효과검정을 위한 메타분석과 종속변인에 영향을 미치는 변인의 구조적 관계 파악을 위한 메타분석적 경로분석을 중점적으로 다루고 있다. 이 책은 현실의 문제를 해결하기 위하여 뜨거운 가슴과 냉철한 이성으로 노심초사하고 있는 수많은 연구자들이 좀 더 효과적이고 근거에 기반을 둔 방법으로 프로그램을 개발하고, 효과를 검증하여, 보급하기를 바라는 희망으로 집필하였다. 때문에 메타분석의 이론적인 방법을 연구하는 분들을 위한 책이라기보다는 현장의 문제 해결을 고민하는 현장 전문가들을 위한 메타분석 소개 책자이다. 책의 내용은 통계적인 전문성이 부족한 독자들도 편히 읽을 수 있도록 간결하게 기술하도록 노력하였다. 메타분석 초보자의 경우 제목에 "*" 표로 표시한 부분은 이해하지 않아도 메타분석연구를 진행하는 것에는 불편함이 없을 것으로 생각한다.

이 책은 최신의 학문 동향을 포함하고 있기 때문에 보다 깊은 전문성과 정확성을 제공하기에는 여러 가지 부족한 점이 많은 것이 사실이다. 독자의 깊은 이해를 바라면서 다양한 질책을 겸허히 받아들이고자 한다.

2019년 2월 1일
유성모

차례 CONTENTS

1장

프로그램 효과의 유의성 검정을 위한 메타분석

2장

프로그램 효과 검증을 위한 연구 설계와 효과크기

3장

다양한 종류의 효과크기와 관계

4장

변수 간의 구조적 관계 분석을 위한 메타분석

1장

프로그램 효과의 유의성 검정을 위한 메타분석

Meta Analysis

01 | 메타분석의 정의 및 구성 요건

1.1 메타분석의 정의

메타분석(meta-analysis)의 정의는 다양하게 정의되고 있다. 그중 몇 가지 정의를 살펴보기로 하자.

메타분석의 정의

● 위키피디아(www.wikipedia.org)의 정의
A meta-analysis is a statistical analysis that combines the results of multiple scientific studies.

● Merriam-Webster(www.merriam-webster.com)의 정의
A quantitative statistical analysis of several separate but similar experiments or studies in order to test the pooled data for statistical significance.

● Segen's Medical Dictionary(medical-dictionary.thefreedictionary.com)의 정의
A method that uses statistical techniques to combine results from different studies and obtain a quantitative estimate of the overall effect of a particular intervention or variable on a defined outcome.

위키피디아는 메타분석을 "다수의 과학적 연구결과를 결합하는 통계적 분석"으로 정의하고 있고, Merriam-Webster 사전에서는 메타분석을 "다수의 개별적이지만 비슷한 실험 또는 연구 결과로부터 얻어진 데이터를 결합하여 통계적 유의성을 검정하는 양적인 통계적 분석"으로 정의하고 있으며, Segen의 의학사전은 "정의된 결과에 미치는 특정 개입방법 또는 변수의 전체 효과에 대한 정량적인 추정치를 구하기 위하여 서로 다른 연구의 결과를 결합한 통계적 기법을 사용하는 방법"으로 메타분석을 정의하고 있다.

1.2 메타분석의 정의를 위한 구성 요건

앞에서 살펴본 바와 같이 메타분석을 정의하기 위한 일반적인 구성 요건은 다음과 같이 정리할 수 있다.

메타분석 정의를 위한 구성 요건

1. 종속변수(outcome, dependent variable)
2. 개입/중재/처리/처방/훈련 프로그램 또는 독립변수(independent variable)
3. 다수의 독립적인 연구
4. 효과의 크기

메타분석을 정의하기 위해서 필요한 구성 요건을 구체적으로 살펴보자. 첫째, 연구자가 궁극적으로 관심을 가지고 있는 변수인 효과변수(effect variable)이다. 효과변수는 일반적으로 다른 종류의 독립변수(independent variable)에 의해서 영향을 받는 변수이기 때문에 종속변수(dependent variable)라고도 부른다. 둘째, 효과변수의 개선/증진/감소에 영향을 미치는 개입/중재/처리/처방/훈련 프로그램 또는 독립변수이다. 효과변수 값의 변화를 위한 특정 개입의 효과를 검증하기 위해서는 개입(또는 프로그램)이 필요하며, 효과변수에 영향을 미치는 변수의 영향력을 검증하기 위해서는 독립변수가 필요하다. 셋째, 동일한 효과변수를 대상으로 프로그램 효과 또는 변수의 영향력을 연구한 다수의 독립적이고 개별적인 연구결과이다. 메타분석은 여러 연구자에 의해서 독립적으로 진행된 동질적인 연구를 바탕으로 참 효과(true effect)의 크기를 추정하는 것이다. 참 효과는 처리 효과(treatment effect)라고도 부르며, 통계적 용어로 모수(parameter)에 해당된다. 넷째, 프로그램 또는 독립변수가 효과변수에 영향을 미치는 효과의 크기이다. 효과크기(effect size)는 연구의 설계, 효과변수의 종류와 측정 방법에 따라서 다양한 형태가 있다.

결론적으로, 메타분석은 다수의 독립적이고 동질적인 개별 연구결과를 결합하여 특정 프로그램(중재/개입/처리/처방/훈련 프로그램) 또는 변수가 효과변수에 미치는 참 효과(true effect)의 유의성(significance)을 검정하는 통계적 분석이다.

02 | 효과크기에 대한 통계적 추론

2.1 효과변수에 대한 가정

어느 한 개별연구에서 집단1의 효과변수(X_1)와 집단2의 효과변수(X_2)에 대한 가정은 다음과 같다.

실험집단과 비교집단의 효과변수에 대한 가정

- 실험집단(집단1): $X_1 \sim N(\mu_1, \sigma_1^2)$
- 비교집단(집단2): $X_2 \sim N(\mu_2, \sigma_2^2)$

집단1(실험집단)과 집단2(비교집단 또는 통제집단)의 효과변수 X_1과 X_2는 각각 평균이 μ_1과 μ_2이고 분산이 σ_1^2과 σ_2^2인 정규분포를 따른다는 것을 가정하고 있다. 이는 집단1의 실험조건과 집단2의 실험조건이 각 집단 내에서 동일하게 유지될 경우 특정 개별연구(individual study)에서 보고된 효과변수의 값은 확률변수(random variable)로서 반복적인 연구가 지속되어도 고정된 평균과 분산을 모수로 갖는 정규분포의 범주에서 변한다는 것을 의미한다.

프로그램의 효과 검증(verification of treatment effect)을 목적으로 메타분석을 이용할 경우에는 일반적으로 실험집단(집단1)과 비교집단(집단2)의 분산이 동일하다고 가정($\sigma_1^2 = \sigma_2^2 = \sigma^2$)하고 있으며, 효과크기(effect size)는 두 집단의 평균 차(mean difference)와 평균 차를 표준편차로 나누어 표준화한 표준화 평균 차(standardized mean difference) 두 가지가 있고, 그 정의는 다음과 같다.

프로그램의 효과 검증을 위한 효과크기(effect size)의 종류 및 정의

- 평균 차(mean difference; MD)

$$\Delta = \mu_1 - \mu_2$$

- 표준화 평균 차(standardized mean difference; SMD)

$$\delta = \frac{\mu_1 - \mu_2}{\sigma}$$

2.2 개별연구의 효과크기

프로그램의 효과를 나타내는 효과크기는 실험집단의 효과(μ_1)와 비교집단(또는 통제집단)의 효과(μ_2)의 차를 나타내는 평균 차(Δ)와 평균 차를 효과변수의 표준편차(σ)로 나눈 표준화 평균 차(δ)가 있다. 일반적으로 서로 다른 종류 또는 척도로 측정된 효과변수에 대한 효과크기를 비교하기 위해서는 단위가 없는 표준화 평균 차를 이용하는 것이 권장된다. 평균 차와 표준화 평균 차는 모두 연구자가 그 값을 알지 못하고 있는 모수(parameter)이다. 모수의 값을 알기 위하여 연구자는 적절한 연구 설계를 통하여 그 값을 추정한다. 모수의 값을 추정하기 위하여 연구자가 얻은 데이터로부터 얻은 정보를 통계량(statistic)이라고 부른다. 개별연구에서 실험집단과 비교집단으로부터 얻은 정보를 토대로 효과크기를 추정할 수 있는 정보는 다음과 같다.

개별연구의 실험집단과 통제집단 정보: 표본크기, 표본평균, 표본분산

집단	표본의 크기 (sample size)	표본평균 (sample mean)	표본분산 (sample variance)
실험집단	n_1	$\overline{X}_1 = \dfrac{1}{n_1} \sum_{i=1}^{n_1} X_{1i}$	$S_1^2 = \dfrac{1}{n_1 - 1} \sum_{i=1}^{n_1} (X_{1i} - \overline{X}_1)^2$
비교집단	n_2	$\overline{X}_2 = \dfrac{1}{n_2} \sum_{i=1}^{n_2} X_{2i}$	$S_2^2 = \dfrac{1}{n_2 - 1} \sum_{i=1}^{n_2} (X_{2i} - \overline{X}_2)^2$

프로그램의 효과를 입증하기 위한 목적으로 진행된 개별연구에서 제시되고 있는 추정된(estimated) 효과크기는 일반적으로 표준화 평균 차인 Cohen's d-통계량과 Hedges' g-통계량을 많이 사용하고 있으며, 구체적인 공식은 다음과 같다.

효과크기(effect size; ES)의 종류 및 정의

- Cohen's d

$$d = \frac{\overline{X}_1 - \overline{X}_2}{S_p}, \qquad S_p^2 = \frac{(n_1 - 1)S_1^2 + (n_2 - 1)S_2^2}{n_1 + n_2 - 2}$$

- Hedges' g

$$g = J \cdot d, \qquad J = 1 - \frac{3}{4 \cdot (n_1 + n_2) - 9}$$

프로그램의 효과크기를 나타내는 통계량 중 Cohen's d는 이론적 평균(theoretical mean)[1]이 모집단의 효과크기인 δ와 같지 않다. 이와 같은 문제를 보완한 통계량이 Hedges' g이다. g-통계량은 d-통계량에 수정계수(correction factor)(J)를 곱한 값으로 g-통계량의 기댓값은 연구자가 추정하고자 하는 모수(δ)의 값과 같게 된다. 이와 같이 통계량(statistic)의 기댓값(expected value)이 통계량이 추정하고자 하는 모수(parameter)의 값과 같게 되는 통계량을 불편추정량(unbiased estimator)이라고 부른다.

메타분석을 좀 더 깊게 이해하기 위해서는 전통적인 통계적 추론(statistical inference)에 대한 이해가 필요하다. 이를 위해서는 모집단(population), 모수(parameter), 표본 집단(sample), 통계량(statistic)에 대한 이해가 필요하다. 모집단은 연구의 대상이 되는 집단이며, 표본 집단은 연구자가 모집단으로부터 대표성을 가질 수 있도록 독립적으로 추출한 모집단의 일부이다. 모수는 모집단의 특성을 나타내는 상수(constant) 값으로 효과변수의 평균(mean), 표준편차(standard deviation), 분산(variance) 등이 있으며, 통계량은 표본 집단으로부터 얻은 데이터로부터 모수를 추정하기 위해서 구한 값(estimated value)으로 확률변수(random variable)이며 표본평균(sample mean), 표본표준편차(sample standard deviation), 표본분산(sample variance) 등이 있다. 통계적 추론(statistical inference)은 표본 집단으로부터 구한 통계량을 토대로 모집단의 모수의 값을 추정(estimation)하거나 신뢰구간(confidence interval)을 구하고, 귀무가설(null hypothesis)에 대한 가설검정(testing hypothesis)과 같은 의사결정 과정이다. 메타분석에서는 효과크기가 모수(母數)의 범주에 들어가며, 개별연구로부터 구한 추정된 효과크기(estimated effect size)는 통계량(統計量)으로 확률변수의 범주에 들어간다. 프로그램의 효과 검정을 위한 목적의 추정된 효과크기의 종류와 특성은 다음과 같다.

---

1) 이론적 평균이란 기댓값(expected value)을 말하는 것으로 확률변수(X)에 대한 기댓값은 $\mu = E(X) = \int_{-\infty}^{+\infty} x f(x) dx$이다. $f(x)$는 확률변수에 대한 확률밀도함수(probability density function)로 프로그램의 효과크기를 구하는 메타분석에서는 정규분포함수를 가정하고 있다.

추정된 효과크기(estimated effect size)의 종류 및 특성

- Cohen's d

    추정된 효과크기의 평균(mean): $E(d) \neq \delta$

    추정된 효과크기의 분산(variance): $Var(d) = V_d \simeq (\frac{1}{n_1} + \frac{1}{n_2}) + \frac{d^2}{2(n_1 + n_2)}$

    추정된 효과크기의 표준오차(standard error): $SE_d = \sqrt{V_d}$

- Hedges' g

    추정된 효과크기의 평균(mean): $E(g) = \delta$

    추정된 효과크기의 분산(variance):

    $$Var(g) = V_g \simeq J^2 \cdot V_d$$
    $$\simeq (\frac{1}{n_1} + \frac{1}{n_2}) + \frac{g^2}{2(n_1 + n_2 - 3.94)}$$

    추정된 효과크기의 표준오차(standard error): $SE_g = \sqrt{V_g}$,

추정된 효과크기는 통계량으로 확률변수이며 이들의 평균(mean)과 분산(variance)[2]은 모수이다. 개별연구의 효과크기에 대한 신뢰구간은 추정된 효과크기와 그 값의 표준오차를 토대로 구한다. 하지만 표준오차에는 모수가 포함되어 있기에 그 값을 통계량으로 대체하여 근사적으로 표준오차를 추정하여 사용한다. 때문에 정확하게 같은 값을 나타내는 등호(=)가 아니라 근사적인 값을 나타내는 근사등호($\simeq$) 부호를 사용하고 있다.

개별연구의 추정된 효과크기(g)를 토대로 프로그램의 효과크기(δ)에 대한 95% 신뢰구간을 구할 수 있으며, 그 방법은 다음과 같다.

효과크기(δ)의 95% 신뢰구간

$$(g - 1.96 \cdot SE_g \ , \ g + 1.96 \cdot SE_g)$$

---

2) 확률변수(X)의 분산은 $\sigma^2 = Var(X) = E(X - \mu)^2 = E(X^2) - [E(X)]^2$ 이다. 여기서 $E(X^2) = \int_{-\infty}^{+\infty} x^2 f(x) dx$ 이다.

2.3 효과크기에 대한 통계적 추론

1) 메타분석을 통한 효과크기의 추정 값 – 평균효과크기

　메타분석의 목적은 개별연구에서 얻은 프로그램의 효과에 대한 효과크기를 결합하여 구한 평균효과크기의 유의성(significance)을 검증하는 것으로 말할 수도 있다. 평균효과크기의 유의성 검정이란 평균효과크기가 프로그램의 효과가 있다고 판단할 수 있을 정도로 강력한 증거를 제시하고 있는지 여부를 검증하는 것으로 정의할 수 있으며, 일반적으로 효과크기(δ)에 대한 신뢰구간(confidence interval) 또는 가설검정(testing hypothesis)을 통하여 진행된다.

> **메타분석의 목적**
>
> 메타분석의 목적은 k개의 개별연구에서 얻은 관측된 효과크기($g_i, i = 1, 2, ..., k$)를 통합하여 구한 평균효과크기(mean effect size)를 토대로 프로그램의 효과크기(effect size)에 대한 유의성(significance)을 검정하는 것이다.

　메타분석에서 사용되는 개별연구(i)의 관측된 효과크기(g_i)와 그 효과크기의 가중치(w_i)를 이용하여 구한 가중평균(weighted mean)인 평균효과크기(M)를 구할 수 있으며, 그 방법은 다음과 같다.

> **평균효과크기(mean effect size)**
>
> $$M = \frac{\sum\limits_{i=1}^{k} w_i \cdot g_i}{\sum\limits_{i=1}^{k} w_i}$$

2) 효과크기에 대한 신뢰구간

　k개의 개별연구로부터 구한 관측된 효과크기를 토대로 평균효과크기를 구하고, 그 값을 이용하여 연구자가 알고자 하는 효과크기(δ)에 대한 95% 신뢰구간(confidence interval)을 구할 수 있으며, 그 방법은 다음과 같다.

> 평균효과크기를 이용한 효과크기(δ)에 대한 95% 신뢰구간
>
> $$(M - 1.96 \cdot SE_M , \ M + 1.96 \cdot SE_M)$$

3) 프로그램 효과에 대한 유의성 검정

프로그램의 효과를 검증하기 위한 방법으로 메타분석을 이용할 경우 프로그램의 효과가 없다는 귀무가설에 대한 가설검정을 통하여 프로그램 효과의 유의성을 판단할 수 있으며, 그 방법은 다음과 같다.

> 효과크기의 유의성 검정
>
> - 귀무가설
>
> $$H_0 : \delta = 0$$
>
> - 검정통계량(test statistic)의 값
>
> $$Z_M = \frac{M}{SE_M}$$
>
> - 유의확률(significance probability)
>
> $$p = \mathrm{Prob}(Z \geq |Z_M|)$$

동질적인 개별연구로부터 구한 관측된 효과크기를 토대로 평균효과크기를 구하는 것이 메타분석의 한 부분이다. 평균효과크기를 이용하여 효과크기의 유의성 검정을 실시하여 귀무가설이 기각되어 프로그램의 효과를 입증하는 과정을 거친 경우, 평균효과크기 값을 이용하여 효과의 정도를 판단한다. Cohen(1988)[3]은 표준화 평균 차인 d-통계량을 이용하여 효과의 정도를 다음과 같이 제시하였다.

d-통계량의 값	의미
0.2	작은(small) 효과크기
0.5	중간(medium) 효과크기
0.8	큰(large) 효과크기

---

3) Cohen, J. (1988). *Statistical Power Analysis for the Behavioral Sciences*, Psychology Press, p.40.

03 | 효과크기 모형: 고정효과모형과 확률효과모형

개별연구의 효과크기를 토대로 평균효과크기를 추정하는 방법은 개별연구의 동질성 여부에 따라서 고정효과모형(fixed-effect model)과 확률효과모형(random-effects model)으로 구분할 수 있다.

3.1 고정효과모형

고정효과모형에서는 개별연구(i)의 관측된 효과크기(g_i)는 효과크기(δ)와 오차(ϵ_i)의 합으로 구성된다고 가정한다. 이는 프로그램의 효과 검증을 위하여 개별연구에서 보고되는 관측된 효과크기는 프로그램의 효과를 나타내는 효과크기(δ)의 추정값으로 개별연구 간에 차이가 나는 것은 단지 우연적으로 발생하는 오차라고 가정한다는 것을 의미한다. 고정효과모형의 가정을 요약하면 다음과 같다.

고정효과모형(fixed-effect model)
- 개별연구(i)의 관측된 효과크기: $g_i = \delta + \epsilon_i$
- 오차의 분포: $\epsilon_i \sim N(0, \sigma_i^2)$

고정효과모형에서 개별연구의 관측된 효과크기(g_i)는 모수(parameter)인 효과크기(δ)와 확률변수(random variable)인 오차(ϵ_i)의 합으로 구성되기 때문에 개별연구의 관측된 효과크기의 분산 $Var(g_i)$은 오차의 분산(σ_i^2)과 동일하게 된다.

고정효과모형에서의 개별연구의 관측된 효과크기의 분산

$$Var(g_i) \equiv V_i = \sigma_i^2$$

3.2 확률효과모형

확률효과모형에서는 개별연구(i)의 효과크기(g_i)는 프로그램의 효과를 나타내는 효과크기(δ), 각 개별연구 고유 프로그램의 효과크기(ζ_i), 오차(ϵ_i)의 합으로 구성된다고 가정한다. 이는 개별연구에서 보고되는 효과크기의 추정 값이 개별연구 간에 차이가 나는 것은 단지 우연적으로 발생하는 오차 외에 개별연구 고유의 효과도 포함되어 있다는 의미이며, 효과크기(δ)가 고정되어 있는 고정효과모형과 달리 확률효과모형의 효과크기($\delta + \zeta_i$)는 개별연구에 따라서 다르다. 확률효과모형의 가정을 요약하면 다음과 같다.

확률효과모형(random-effects model)

- 개별연구(i)의 관측된 효과크기: $g_i = \delta + \zeta_i + \epsilon_i$
- 개별연구 고유의 효과: $\zeta_i \sim N(0, \tau^2)$
- 오차의 분포: $\epsilon_i \sim N(0, \sigma_i^2)$

확률효과모형에서 개별연구의 관측된 효과크기(g_i)는 모수(parameter)인 효과크기(δ), 확률변수(random variable)인 개별연구 고유의 효과(ζ_i), 그리고 오차(ϵ_i)의 합으로 구성된다. 개별연구 고유의 효과(ζ_i)는 확률변수로 평균이 0이고 분산이 τ^2인 정규분포를 따른다고 가정하고 있다. 개별연구 고유의 효과크기는 참 효과크기(δ)와 고유의 효과(ζ_i)를 더한 값으로 개별연구 고유의 효과크기($\delta + \zeta_i$)[4]는 평균이 δ이고 분산이 τ^2이다. 개별연구 고유의 효과크기의 분산을 연구-간 분산(between-studies variance)이라고 부른다. 따라서 확률효과모형에서 개별연구의 관측된 효과크기의 분산(V_i)은 각 개별연구 고유의 효과크기의 분산을 나타내는 연구-간 분산(τ^2)과 오차의 분산을 나타내는 연구-내 분산(σ_i^2)의 합으로 구성된다.

확률효과모형에서의 개별연구 관측된 효과크기의 분산

$$Var(g_i) \equiv V_i = \tau^2 + \sigma_i^2$$

---

4) 개별연구(i) 고유의 효과크기($\delta + \zeta_i$)는 참 효과크기(δ)와 개별연구 고유의 추가적인 효과(ζ_i)의 합이다.

3.3 평균효과크기

메타분석의 목적은 개별연구로부터 구한 관측된 효과크기(g_i)를 이용하여 모수(parameter)인 참(true) 효과크기(δ)에 대한 통계적 추론(statistical inference)을 하는 것이다. 통계적 추론은 점 추정(point estimation), 신뢰구간(confidence interval), 가설검정(testing hypothesis)을 포함한다. 점 추정은 개별연구의 관측된 효과크기를 개별연구의 중요도(기여도)에 따라서 가중치를 부과한 가중평균을 구하는 과정이며, 이렇게 구한 가중평균을 평균효과크기(mean effect size)라고 부른다. 일반적으로 평균효과크기를 추정하기 위해서 이용되는 개별연구의 관측된 효과크기에 대한 가중치는 개별연구의 관측된 효과크기(g_i)의 분산($Var(g_i) \equiv V_i$)의 역수를 이용한다.

개별연구에서 구한 관측된 효과크기(g_i)의 분산은 효과크기에 대한 모형(고정효과모형/확률효과모형)에 따라서 다르다. 고정효과모형에서의 평균효과크기(M_F)를 구하는 방법은 다음과 같다.

고정효과모형에서의 평균효과크기

$$M_F = \frac{\sum_{i=1}^{k} w_i \cdot g_i}{\sum_{i=1}^{k} w_i}, \qquad i = 1, 2, \cdots, k$$

여기서,

- 개별연구의 가중치: $w_i = \dfrac{1}{V_i}$

- 개별연구의 관측된 효과크기(g_i)의 분산: $V_i \simeq \left(\dfrac{1}{n_1} + \dfrac{1}{n_2}\right) + \dfrac{g_i^2}{2(n_1 + n_2 - 3.94)}$

확률효과모형에서의 평균효과크기(M_R)를 구하는 방법은 다음과 같다.

확률효과모형에서의 평균효과크기

$$M_R = \frac{\sum\limits_{i=1}^{k} w_i \cdot g_i}{\sum\limits_{i=1}^{k} w_i}, \qquad i = 1, 2, \cdots, k$$

여기서,

- 개별연구의 가중치: $w_i = \dfrac{1}{V_i}$

- 연구-내 분산(σ_i^2): $\sigma_i^2 \simeq (\dfrac{1}{n_1} + \dfrac{1}{n_2}) + \dfrac{g_i^2}{2(n_1 + n_2 - 3.94)}$

- 연구-간 분산(τ^2): $\tau^2 \simeq \max\{\dfrac{Q - (k-1)}{S}, 0\}$

  여기서, $Q = \sum\limits_{i=1}^{k} w_i (g_i - M_F)^2$

  $$S = \sum_{i=1}^{k} w_i - \frac{\sum\limits_{i=1}^{k} w_i^2}{\sum\limits_{i=1}^{k} w_i}$$

- 개별연구로부터 구한 관측된 효과크기(g_i)의 분산: $V_i = \tau^2 + \sigma_i^2$

결론적으로 평균효과크기는 고정효과모형과 확률효과모형 모두 개별연구의 관측된 효과크기의 가중평균으로 다음과 같은 형태이다.

평균효과크기의 정의

$$M = \frac{\sum\limits_{i=1}^{k} w_i \cdot g_i}{\sum\limits_{i=1}^{k} w_i}, \qquad w_i = \frac{1}{V_i}, \; i = 1, 2, ..., k$$

평균효과크기를 구하기 위한 개별연구의 가중치는 개별연구의 관측된 효과크기의 분산에 따라서 결정되며, 개별연구 효과크기의 분산(V_i)은 효과크기 추정을 위한 모형에 따라서 다르게 구해진다. 고정효과모형의 경우 관측된 효과크기의 분산은 연구-내 분산(σ_i^2)과 같으며, 확률효과모형의 경우 추정된 효과크기의 분산은 연구-내 분산(σ_i^2)과 연구-간 분산(τ^2)의 합과 같다.

1) 효과크기에 대한 신뢰구간

k개의 개별연구로부터 구한 관측된 효과크기를 토대로 평균효과크기를 구하고, 그 값을 이용하여 연구자가 알고자 하는 효과크기(δ)에 대한 95% 신뢰구간을 구할 수 있으며, 그 방법은 다음과 같다.[5]

평균효과크기를 이용한 효과크기(δ)에 대한 95% 신뢰구간

$$(M - 1.96 \cdot SE_M \ , \ M + 1.96 \cdot SE_M)$$

여기서,

- 평균효과크기의 분산(variance): $Var(M) = V_M = 1/\sum_{i=1}^{k} w_i$
- 평균효과크기의 표준오차(standard error): $SE_M = \sqrt{V_M}$

평균효과크기는 고정효과모형에서는 개별연구 간에 공통으로 가정하고 프로그램의 단일 효과크기를 추정한 값이며, 확률효과모형에서는 개별연구 고유 효과(또는 효과크기)의 분포의 평균을 추정한 값이다.

2) 프로그램 효과에 대한 유의성 검정

프로그램의 효과를 검증하기 위한 방법으로 메타분석을 이용할 경우 평균효과크기를 이용한 가설검정을 통하여 프로그램 효과의 유의성을 판단할 수 있다. 고정효과모형에서의 귀무가설은 동질적인 개별연구에서 공통적으로 다루고 있는 프로그램의 효과가 없다

---

[5] 참(true) 효과크기를 추정하기 위하여 개별연구(i)에서는 관측된 효과크기(observed effect size)를 제공하고 있으며, 메타분석에서는 k개의 개별연구로부터 구한 평균효과크기(mean effect size)는 참 효과크기(true effect size)를 추정하기 위해 사용되는 추정된 효과크기(estimated effect size)이다.

는 가설($H_o : \delta = 0$)이며, 확률효과모형에서의 귀무가설은 개별연구의 효과크기에 대한 분포의 평균이 0이라는 가설($H_o : E(\delta + \zeta_i) = 0$)이다. 귀무가설이 채택될 경우 고정효과 모형에서는 프로그램의 효과가 없다는 의사결정을 내리게 된다. 하지만, 확률효과모형에 서는 동질적이지 않은 개별연구로부터 추정한 효과크기의 평균은 0이지만 그렇다고 해 서 특정한 프로그램이 효과가 없다는 말은 아니다.

평균효과크기를 이용한 효과크기의 유의성 검정 방법은 다음과 같다.

효과크기의 유의성 검정

- 귀무가설
  - 고정효과모형: $H_0 : \delta = 0$
  - 확률효과모형: $H_o : E(\delta + \zeta_i) = 0$
- 검정통계량(test statistic)의 값

$$Z_M = \frac{M}{SE_M}$$

- 유의확률(significance probability)

$$p = \mathrm{Prob}(Z \geq |Z_M|)$$

---

04 | 개별연구의 효과크기 이질성 검정

4.1 이질성의 원인과 이질성 검정

평균효과크기를 이용하여 효과크기에 대한 통계적 추론을 위해서는 개별연구의 관측 된 효과크기의 이질성 여부를 검정한 후 그 결과에 따라서 고정효과모형 또는 확률효과 모형을 선택하여야 하지만, 아울러 이질성이 나타났을 경우 이질성의 원인을 파악하는 과정 또한 중요하다. 메타분석에서 관측된 효과크기의 이질성을 야기하는 주요 원인과 해결 방법을 정리하면 다음과 같다.

원인	내용	해결 방법
연구대상	개별연구에서 다루고 있는 연구대상의 차이	동일한 연구대상별로 분석
중재방법	개별연구에서 다루고 있는 중재 방법이 동일하지 않고 개별연구의 연구자에 따라서 다양한 형태가 존재	동일한 중재방법으로 묶어서 분석
비교 중재 방법	개별연구에서 프로그램의 효과를 검증하기 위해서 설정한 비교집단(또는 통제집단)에 부과되는 중재 방법이 차이	비교집단과 실험집단에 부과되는 프로그램의 내용이 동일한 개별연구를 묶어서 분석
효과변수	프로그램의 효과를 검증하기 위하여 연구자가 설정한 효과변수 또는 척도(scale)의 차이	동일한 효과변인 또는 척도로 묶어서 분석
연구 설계	프로그램의 효과를 입증하기 위한 연구 설계(research design)의 차이	프로그램의 효과크기를 계산하기 위한 사전/사후 비교집단 설계와 같이 잘 설계된(well-designed) 연구 결과만을 사용
효과크기 계산법	프로그램의 효과를 나타내는 효과크기의 정의와 계산방법의 차이	실험집단과 비교집단의 사전/사후 점수의 차를 기반으로 하여 효과크기 계산

개별연구의 관측된 효과크기가 이질적이라는 의미는 각 개별연구(i) 고유의 특성(ζ_i)이 존재하고, 따라서 개별연구-간 분산(τ^2)의 값이 존재한다는 것(0보다 큰 값이라는 것)을 의미한다. 개별연구의 이질성을 검정하는 방법은 다음과 같다.

개별연구의 이질성 검정

- 귀무가설

$$H_0 : \tau^2 = 0$$

- 검정통계량(test statistic): Cochran's Q-통계량

$$Q = \sum_{i=1}^{k} \frac{(g_i - M_F)^2}{V_i} = \sum_{i=1}^{k} w_i (g_i - M_F)^2$$

여기서,

$$V_i \simeq (\frac{1}{n_1} + \frac{1}{n_2}) + \frac{g_i^2}{2(n_1 + n_2 - 3.94)}$$

- 유의확률(significance probability)

$$p = \mathrm{Prob}(\chi_{k-1}^2 \geq Q)$$

개별연구의 이질성 여부를 검증하기 위하여 사용되는 Q-통계량의 값은 연구-간 효과크기의 분산(τ^2)이 0이라는 귀무가설이 참일 경우 자유도가 $k-1$인 카이-제곱(chi-squared) 분포를 따른다. Q-통계량의 값이 클수록 개별연구의 이질성(heterogeneity)이 크다는 것을 의미한다. 개별연구의 이질성 검정(test of heterogeneity)은 동질성 검정(test of homogeneity)이라고도 부른다. 개별연구의 이질성 검정 또는 동질성 검정을 위해서 메타분석에서 일반적으로 사용되는 Cochran의 Q-통계량 외에 Higgins의 I^2-통계량과 H^2-통계량이 보조적으로 쓰이고 있으며, 이들 통계량의 정의 및 활용법은 다음과 같다.

개별연구의 동질성 검정을 위한 보조 지표(통계량)

- I^2-**통계량:** $I^2 = \max\left\{0, \dfrac{Q-(k-1)}{Q}\right\}$

- H^2-**통계량:** $H^2 = \dfrac{Q}{k-1} = \dfrac{1}{1-I^2}$

I^2	H^2	Q	의미
0.00	1.00	$k-1$	완벽한 동질성
0.25	1.33	$1.33(k-1)$	작은 크기의 이질성
0.50	2.00	$2(k-1)$	중간 크기의 이질성
0.75	4.00	$4(k-1)$	큰 크기의 이질성

개별연구 효과크기의 이질성 검정 결과 귀무가설이 채택될 경우 연구-간 분산의 값이 0이기 때문에 고정효과모형을 선택하고, 귀무가설이 기각될 경우에는 확률효과모형을 선택한다.

이질성 검정을 통하여 관측된 효과크기의 이질성이 있는 것으로 판단될 경우 이질성의 원인을 파악하려는 노력이 필요하다. 앞에서 설명한 바와 같이 이질성의 원인은 실로 다양하지만, 일반적으로 연구대상, 중재방법, 비교 중재방법, 효과변수, 척도, 연구 설계의 종류에 따라서 개별연구의 관측된 효과크기의 이질성이 나타날 수가 있다. 이질성을 해결하기 위한 메타분석 방법으로는 부분집단 분석(subgroup analysis), 메타회귀 분석(meta-regression analysis) 등이 있다.

4.2 부분집단 분석

부분집단 분석은 이질성의 원인으로 의심되는 연구대상, 중재방법, 비교 중재방법, 효과변수, 척도, 연구 설계의 종류별로 메타분석을 실시하는 방법이다. 부분집단 분석에서는 개별연구의 관측된 효과크기는 부분집단에 따라서 차이가 난다는 것을 가정하고 있으며, 효과크기에 대한 모형 식은 고정효과모형과 확률효과모형으로 구분된다.

고정효과모형에서의 부분집단 분석에서 가정하고 내용은 다음과 같다.

부분집단 분석 – 고정효과모형(fixed-effect model)

- 부분집단(j)의 개별연구(i)의 효과크기:
$$g_{j,i} = \delta_j + \epsilon_{j,i} \quad , \; j = 1, \cdots, J \; ; \; i = 1, \cdots, k_j$$

- 부분집단(j)의 효과크기: δ_j

- 오차의 분포: $\epsilon_{j,i} \sim N(0, \sigma_{j,i}^2)$

부분집단 분석은 부분집단(subgroup)의 수가 J이고, 각 부분집단(j)에 해당되는 개별연구의 수가 k_j인 경우를 나타내고 있다. 고정효과모형에서 부분집단 j에 속하는 개별연구 i에서 관측된 효과크기($g_{j,i}$)는 부분집단 j 고유의 효과크기(δ_j)를 반영하고 있으며, 동일 부분집단 내에서 관측된 개별연구의 관측된 효과크기의 차이는 우연적으로 발생하는 오차($\epsilon_{j,i}$)라는 것을 가정하고 있다. 따라서 오차의 분산($\sigma_{j,i}^2$)은 부분집단 j에 속하는 개별연구의 관측된 효과크기의 분산을 나타내는 연구-내 분산이다.

확률효과모형에서의 부분집단 분석에서 가정하고 있는 내용은 다음과 같다.

부분집단 분석 – 확률효과모형(random-effects model)

- 부분집단(j)의 개별연구(i)의 효과크기: $g_{j,i} = \delta_j + \zeta_{j,i} + \epsilon_{j,i}$

- 부분집단(j)의 효과크기: δ_j

- 부분집단(j)의 개별연구(i) 고유의 효과: $\zeta_{j,i} \sim N(0, \tau_j^2)$

- 오차의 분포: $\epsilon_{j,i} \sim N(0, \sigma_{j,i}^2)$

확률효과모형에서 부분집단 j에 속하는 개별연구 i에서 관측된 효과크기($g_{j,i}$)는 부분집단 j 고유의 효과크기(δ_j)와 부분집단 j의 개별연구 i 고유의 효과($\zeta_{j,i}$)를 반영하고 있으며, 동일 부분집단 내에서 관측된 개별연구의 효과크기의 차이는 우연적으로 발생하는 오차($\epsilon_{j,i}$)라는 것을 가정하고 있다. 따라서 동일한 부분집단(j)에 속하는 개별연구 고유 효과의 분산(τ_j^2)은 부분집단(j)의 연구-간 분산을 나타내고 있으며, 오차의 분산($\sigma_{j,i}^2$)은 부분집단 j의 개별연구 i에 속하는 개별연구의 관측된 효과크기의 오차 분산을 나타내는 연구-내 분산이다.

4.3 공변인을 이용한 메타회귀 분석

앞에서 설명한 부분집단 분석은 고전적인 통계모형의 관점에서는 관측된 효과크기(g_i)를 종속변수로 설정하고, 부분집단을 집단변수로 설정한 분산분석(analysis of variance, ANOVA)과 동일한 개념으로 이해할 수 있다. 마찬가지로, 관측된 효과크기를 종속변수로 설정하고, 관측된 효과크기에 영향을 미치는 공변인(covariate)을 독립변수(independent variable)로 설정하면 다중회귀(multiple regression)분석이 되며, 이를 메타분석에서는 메타회귀(meta-regression)분석이라고 부른다.

메타회귀 분석의 모형과 그에 대한 가정은 다음과 같다.

메타회귀 분석(혼합효과모형; mixed-effects model)

- 개별연구(i)의 관측된 효과크기: $g_i = \delta + \beta_1 x_{1i} + \cdots + \beta_p x_{pi} + \zeta_i + \epsilon_i$
- 공변인에 대한 회귀계수: $\beta_1, \cdots, \beta_p$
- 개별연구(i) 고유의 효과: $\zeta_i \sim N(0, \tau^2)$
- 오차의 분포: $\epsilon_i \sim N(0, \sigma_i^2)$

메타회귀 분석은 개별연구(i)의 효과크기는 프로그램의 효과를 나타내는 효과크기(δ), 관측된 효과크기에 미치는 공변인(covariate)의 영향($\beta_1 x_{1i} + \cdots + \beta_p x_{pi}$), 개별연구 고유의 추가적인 효과($\zeta_i$), 그리고 오차($\epsilon_i$)의 합으로 구성된다고 가정한다. 앞에서 설명한 바와 같이 메타분석에서는 관측된 효과크기에 대한 고정효과모형의 경우 개별연구의 관측

된 효과크기(g_i)는 모수인 효과크기(δ)와 개별연구의 오차(ϵ_i)의 합으로 설명되며, 확률효과모형의 경우 개별연구 고유의 효과크기는 효과크기(δ), 개별연구의 오차(ϵ_i), 그리고 개별연구 고유의 추가적인 효과(ζ_i)의 합으로 설명된다. 메타회귀 분석에서는 개별연구 고유의 효과크기는 효과크기(δ), 개별연구의 오차(ϵ_i), 개별연구 고유의 효과(ζ_i), 그리고 관측된 효과크기에 영향을 미치는 공변인의 영향($\beta_1 x_{1i} + \cdots + \beta_p x_{pi}$)으로 설명된다. 메타회귀모형은 효과크기에 대한 확률효과모형에 부가적으로 공변인의 영향력(고정효과)이 추가된 모형이며, 이러한 이유로 메타회귀모형을 혼합효과모형(mixed-effects model)이라고 부른다.

05 | 메타분석 패키지를 이용한 예제 데이터 분석

5.1 예제 데이터: 비만관리 프로그램의 효과 비교

다음 데이터는 이 책의 예제를 위하여 가공한 데이터로 비만관리를 위한 운동처방 프로그램과 식이요법 프로그램의 효과를 나타내고 있다. 비만관리 프로그램의 효과 검증을 위하여 사용된 효과변수(effect variable)는 체중(weight)과 허리둘레(waist)이다.

프로그램의 효과 검증을 위한 메타분석 연구에서 기본적으로 필요한 정보는 연구번호(study id), 연구자(author), 발표연도(year) 등과 같은 개별연구를 식별할 수 있는 정보, 효과변수, 실험집단(experimental group)과 비교집단(comparison group)의 표본의 크기, 효과변수의 평균과 표준편차, 그리고 각 개별연구에서의 프로그램 제공 기간(duration), 연구대상(target population) 등이다. [표 1-1]과 [표 1-2]는 이 책에서 사용하고 있는 24건의 개별연구에 대한 자료이다. 메타분석 연구를 진행하는 연구자는 학술검색 DB를 이용하여 논문을 선정한 후 표와 같은 형태의 자료를 확보하여야 하며, 이 책에서는 연구자가 그러한 과정을 거쳐서 확보한 자료로부터 추출한 데이터의 형태가 아래의 표와 같은 형태라고 가정하기로 한다.

[표 1-1] 비만관리 프로그램의 체중 감량 자료(효과변수: 체중(weight), 단위: kg)

논문 번호	연구자	연도	효과 변인	실험집단 표본 크기	실험집단 평균	실험집단 표준편차	비교집단 표본 크기	비교집단 평균	비교집단 표준편차	실험 기간	연구 대상
1	Ahn	2004	weight	25	3.04	1.421	26	1.56	1.351	12	정상인
2	Bae	2013	weight	16	2.56	1.678	16	1.41	1.879	8	과체중
3	Choi	2006	weight	23	2.36	1.483	20	1.37	1.978	8	정상인
4	Eun	2008	weight	10	1.23	2.257	10	0.57	2.354	4	정상인
5	Hahn	2001	weight	19	3.96	1.787	17	2.01	1.731	12	과체중
6	Jeong	2018	weight	16	3.86	2.019	16	1.57	1.893	10	과체중
7	Jun	2009	weight	10	5.45	2.789	10	1.23	1.672	10	과체중
8	Kang	2017	weight	17	3.23	1.679	16	1.65	1.778	8	과체중
9	Kim	2017	weight	20	1.77	1.567	20	1.21	1.298	8	정상인
10	Lee	2016	weight	16	1.83	1.549	15	1.33	1.216	4	과체중
11	Li	2010	weight	14	2.89	1.543	14	1.41	1.978	10	정상인
12	Moon	2007	weight	10	1.79	1.721	9	1.19	1.312	6	정상인
13	Oh	2006	weight	12	1.67	1.367	12	1.27	1.431	6	정상인
14	Park	2009	weight	14	1.91	1.478	17	1.31	1.345	6	과체중
15	Ryu	2003	weight	12	2.79	1.537	11	1.57	1.678	10	과체중
16	Wang	2005	weight	13	3.56	1.561	12	1.91	1.678	10	과체중

[표 1-2] 비만관리 프로그램의 체중 감량 자료(효과변인: 허리둘레(waist), 단위: cm)

논문 번호	연구자	연도	효과 변인	실험집단 표본 크기	실험집 단 평균	실험집단 표준편차	비교집단 표본 크기	비교집단 평균	비교집단 표준편차	실험 기간	연구 대상
17	Hahn	2016	waist	10	9.74	1.741	8	4.06	1.604	8	과체중
18	Jeong	2006	waist	23	9.09	2.623	16	6.81	1.951	8	과체중
19	Kim	2006	waist	8	5.58	2.764	8	2.18	2.728	8	과체중
20	Kim	2009	waist	10	3.92	1.413	10	2.61	1.401	4	정상인
21	Lee	2006	waist	26	2.94	0.781	27	0.67	0.811	10	과체중
22	Lee	2013	waist	10	6.32	2.796	10	4.17	1.437	6	정상인
23	Li	2006	waist	8	1.23	0.627	8	0.61	0.314	8	과체중
24	Oh	2010	waist	15	1.94	5.051	11	0.33	4.981	6	정상인

5.2 Excel에 데이터 입력하기

메타분석을 위하여 추출한 개별연구에 대한 정보를 토대로 연구자는 Excel 또는 Notepad 등과 같은 편집기를 이용하여 데이터를 입력하여야 한다. 이 책에서는 Excel을 이용하여 데이터를 입력하고, 그 데이터를 R-언어로 불러들여 메타분석을 진행하는 방법을 설명하고자 한다.

우선 Excel에 다음과 같이 데이터를 입력할 수 있다.

	A	B	C	D	E	F	G	H	I	J	K
1	Author	Year	EV	nE	mE	sE	nC	mC	sC	Duration	Target
2	Ahn	2004	weight	25	3.04	1.421	26	1.56	1.351	12	Normal
3	Bae	2013	weight	16	2.56	1.678	16	1.41	1.879	8	Fat
4	Choi	2006	weight	23	2.36	1.483	20	1.37	1.978	8	Normal
5	Eun	2008	weight	10	1.23	2.257	10	0.57	2.354	4	Normal
6	Hahn	2001	weight	19	3.96	1.787	17	2.01	1.731	12	Fat
7	Jeong	2018	weight	16	4.01	2.238	16	1.57	1.893	10	Fat
8	Jun	2009	weight	10	5.45	2.136	10	1.23	1.672	10	Fat
9	Kang	2017	weight	17	3.23	1.679	16	1.65	1.778	8	Fat
10	Kim	2017	weight	20	1.77	1.567	20	1.21	1.298	8	Normal
11	Lee	2016	weight	16	1.83	1.549	15	1.33	1.216	4	Fat
12	Li	2010	weight	14	2.89	1.543	14	1.41	1.978	10	Normal
13	Moon	2007	weight	10	1.79	1.721	9	1.19	1.312	6	Normal
14	Oh	2006	weight	12	1.69	1.478	12	1.27	1.431	6	Normal
15	Park	2009	weight	14	1.91	1.478	17	1.31	1.345	6	Fat
16	Ryu	2003	weight	12	2.79	1.537	11	1.57	1.678	10	Fat
17	Wang	2005	weight	13	3.56	1.561	12	1.91	1.678	10	Fat
18	Hahn	2016	waist	10	9.74	1.741	8	4.06	1.604	8	Fat
19	Jeong	2006	waist	23	9.09	2.623	16	6.81	1.951	8	Fat
20	Kim	2006	waist	8	5.58	2.764	8	2.18	2.728	8	Fat
21	Kim	2009	waist	10	3.92	1.413	10	2.61	1.401	4	Normal
22	Lee	2006	waist	26	2.94	0.781	27	0.67	0.811	10	Fat
23	Lee	2013	waist	10	6.32	2.796	10	4.17	1.437	6	Normal
24	Li	2006	waist	8	1.23	0.627	8	0.61	0.314	8	Fat
25	Oh	2010	waist	15	1.94	5.051	11	0.33	4.981	6	Normal

[그림 1-1] 예제 데이터(exdataset1)

이 책에서 설정한 개별연구로부터 얻은 정보와 Excel에 입력된 변수와의 관계는 다음과 같다. 연구자는 개인의 취향에 따라서 예제 데이터와 Excel에서의 변수이름을 이 책과 다르게 정의를 하여도 무방하다.

예제 데이터	Excel	척도(단위)
연구자	Author	명목(nominal) 척도
연도	Year	명목(nominal) 척도
효과변인	EV	명목(nominal) 척도
실험집단 표본크기	nE	정수(integer)
실험집단 평균	mE	kg(체중), cm(허리둘레)
실험집단 표준편차	sE	kg(체중), cm(허리둘레)
비교집단 표본크기	nC	정수(integer)
비교집단 평균	mC	kg(체중), cm(허리둘레)
비교집단 표준편차	sC	kg(체중), cm(허리둘레)
중재기간	Duration	주(week)
연구대상	Target	명목(nominal) 척도, 정상=Normal, 과체중=Fat

위와 같이 Excel 스프레드시트(spread sheet)에 입력한 후 다음과 같은 과정을 밟는다.

1) 파일 ▶ 다른 이름으로 저장
2) 파일 저장을 위한 메뉴상자(▼)를 오른쪽 마우스 버튼으로 클릭한 후
   "텍스트 (탭으로 분리) (*.txt)"를 선택한다.
3) 파일명 입력 상자에서 "exdataset1"을 입력한 후 "저장" 버튼을 누른다.
   (여기서, 데이터를 저장하는 폴더를 "C:>Data"로 선택하기 바란다.)

위와 같은 과정을 거치면 컴퓨터의 "C:>Data" 폴더에 "exdataset1"이라는 텍스트 문서가 나타나게 된다.

5.3 R-언어로 데이터 불러들이기

R-언어를 실행한 후에 다음과 같은 명령어를 입력한다.

```
> rd1 = read.delim("C:\\Data\\exdataset1.txt")
> rd1
```

출력결과는 다음과 같다.

```
> rd1 = read.delim("C:\\Data\\exdataset1.txt")
> rd1
   Author Year     EV nE   mE    sE nC   mC    sC Duration Target
1     Ahn 2004 weight 25 3.04 1.421 26 1.56 1.351       12 Normal
2     Bae 2013 weight 16 2.56 1.678 16 1.41 1.879        8    Fat
3    Choi 2006 weight 23 2.36 1.483 20 1.37 1.978        8 Normal
4     Eun 2008 weight 10 1.23 2.257 10 0.57 2.354        4 Normal
5    Hahn 2001 weight 19 3.96 1.787 17 2.01 1.731       12    Fat
6   Jeong 2018 weight 16 4.01 2.238 16 1.57 1.893       10    Fat
7     Jun 2009 weight 10 5.45 2.136 10 1.23 1.672       10    Fat
8    Kang 2017 weight 17 3.23 1.679 16 1.65 1.778        8    Fat
9     Kim 2017 weight 20 1.77 1.567 20 1.21 1.298        8 Normal
10    Lee 2016 weight 16 1.83 1.549 15 1.33 1.216        4    Fat
11     Li 2010 weight 14 2.89 1.543 14 1.41 1.978       10 Normal
12   Moon 2007 weight 10 1.79 1.721  9 1.19 1.312        6 Normal
13     Oh 2006 weight 12 1.69 1.478 12 1.27 1.431        6 Normal
14   Park 2009 weight 14 1.91 1.478 17 1.31 1.345        6    Fat
15    Ryu 2003 weight 12 2.79 1.537 11 1.57 1.678       10    Fat
16   Wang 2005 weight 13 3.56 1.561 12 1.91 1.678       10    Fat
17   Hahn 2016  waist 10 9.74 1.741  8 4.06 1.604        8    Fat
18  Jeong 2006  waist 23 9.09 2.623 16 6.81 1.951        8    Fat
19    Kim 2006  waist  8 5.58 2.764  8 2.18 2.728        8    Fat
20    Kim 2009  waist 10 3.92 1.413 10 2.61 1.401        4 Normal
21    Lee 2006  waist 26 2.94 0.781 27 0.67 0.811       10    Fat
22    Lee 2013  waist 10 6.32 2.796 10 4.17 1.437        6 Normal
23     Li 2006  waist  8 1.23 0.627  8 0.61 0.314        8    Fat
24     Oh 2010  waist 15 1.94 5.051 11 0.33 4.981        6 Normal
```

[그림 1-2] R-언어로 불러들인 예제 데이터

이 책에서 사용하고 있는 예제 데이터(exdataset1.txt)는 개별연구를 식별하기 위한 연구자(Author), 발표연도(Year), 프로그램의 효과를 검증하기 위해서 사용된 효과변인(EV), 실험집단의 표본의 크기(nE), 효과변수의 평균(mE)과 표준편차(sE), 비교집단의 표본의 크기(nC), 효과변수의 평균(mC)과 표준편차(sC), 그리고 프로그램을 제공한 중재기간(Duration), 연구대상(Target)을 포함하고 있다.

R-언어에서 데이터는 일반적으로 행렬(matrix), 어레이(array), 벡터(vector), 숫자(number) 등으로 표현된다. 특정 오브젝트(object)가 어떠한 종류의 속성을 가지고 있는지를 확인하는 방법은 **class()** 함수를 이용하면 되며, 오브젝트 종류의 속성에 대한 리스트를 확인하는 방법은 **methods(is)** 명령을 사용하면 된다. 위의 출력결과는 rd1이라는 오브젝트를 생성한 결과이며, 이 오브젝트의 속성은 데이터프레임(data.frame)이라는 것을 다음과 같은 R-언어로 확인할 수 있다.

```
> class(rd1)
```

R-언어에서 함수의 출력결과를 특정 오브젝트로 할당하기 위해서는 "<-" 또는 "=" 기호를 사용하며, 두 가지 기호를 병행하여 사용할 수도 있다. 예를 들어, 앞에서 사용한

예제 데이터를 불러들여 다음과 같은 명령문으로 할당하여도 동일한 결과를 얻게 된다. 이 책에서는 두 가지 기호를 혼용하여 사용하기로 한다.

```
> rd1 <- read.delim("C:\\Data\\exdataset1.txt")
```

예제 데이터는 필요에 따라서 효과변수의 종류(weight/waist)에 따라서 분리하여 사용할 수도 있으며, 연구대상(Normal/Fat)에 따라서 분리하여 사용할 수도 있다. 다음의 R-언어는 효과변수가 체중(weight)인 연구만을 분리하여 데이터를 생성하기 위한 **subset()** 함수를 사용하는 방법이다.

```
# 예제 데이터로부터 체중(weight)에 대한 연구결과를 추출하는 방법
> rd1.wt = subset(rd1, EV == "weight")
> rd1.wt
   Author Year      EV nE   mE    sE nC   mC    sC Duration Target
1     Ahn 2004 weight 25 3.04 1.421 26 1.56 1.351       12 Normal
                            (중략)
16   Wang 2005 weight 13 3.56 1.561 12 1.91 1.678       10    Fat
```

5.4 R-언어 메타분석 패키지로 메타분석하기

R-언어를 이용하여 프로그램 효과 검증을 위한 메타분석을 수행할 수 있는 패키지는 다양하다. 이 책은 Schwarzer[6]가 제공하고 있는 meta 패키지와 Viechtbauer[7]가 제공하고 있는 metafor 패키지를 주로 다루고 있다.

예제 데이터를 이용하여 비만관리 프로그램의 체중 감량 효과를 검증하여 보자. 앞에서 설명한 바와 같이 예제 데이터(exdataset1.txt)를 Excel에서 만든 후에 텍스트 형태로 "C:> Data" 폴더에 저장한 후 R-언어로 불러들이면 rd1이라는 데이터프레임이 저장되어 있는 것을 확인하였다. 아울러 rd1 데이터프레임 중 체중(weight)에 대한 자료만이 분리되어 rd1.wt 데이터프레임으로 저장되어 있는 것을 확인할 수 있다.

---

6) Schwarzer, G (2007). meta: An R package for meta-analysis. *R News*, 7(3), 40–5. https://cran.r-project.org/doc/Rnews/Rnews_2007-3.pdf

7) Viechtbauer, W. (2010). Conducting meta-analyses in R with the metafor package. *Journal of Statistical Software*, 36(3), 1–48. http://www.jstatsoft.org/v36/i03/.

1) 프로그램 효과에 대한 유의성 검정

　메타분석을 위해서는 meta 패키지와 metafor 패키지를 설치하고 현재의 R-언어 작업
폴더에 장착(loading)을 하여야 한다. 설치 방법과 장착 방법은 다음과 같다. 설치방법에
대한 보다 자세한 내용은 R-언어에 대한 기초 서적[8]을 참조하기 바란다.

　meta 패키지에서는 **metacont( )** 함수를 주로 사용하고, metafor 패키지에서는 **escalc( )**
함수와 **rma( )** 함수를 주로 사용하면 된다. 메타분석을 위한 함수에 대한 상세 설명은
help( ) 함수를 사용하면 된다.

```
> install.packages("meta")
> library(meta)
> help(metacont)
>
> install.packages("metafor")
> library(metafor)
> help(escalc)
> help(rma)
```

　이 책에서는 메타분석으로 비만관리 프로그램의 효과를 검증하기 위하여 **metacont( )**
함수를 기본적으로 이용하고 있으며, 사용법은 다음과 같다.

```
> metacont(nE, mE, sE, nC, mC, sC, data=rd1, sm="SMD")
```

　metacont( ) 함수의 처음 6개의 인수(arguments)는 반드시 다음과 같은 순서를 따라야 한다.

순서	인수(argument)	예제 데이터의 변수명	내용
1	n.e	nE	실험집단의 표본크기
2	mean.e	mE	실험집단의 평균
3	sd.e	sE	실험집단의 표준편차
4	n.c	nC	비교집단의 표본크기
5	mean.c	mC	비교집단의 평균
6	sd.c	sC	비교집단의 표준편차

---

8) 유성모 (2016). *논문작성을 위한 R 통계분석 쉽게 배우기*, 황소걸음아카데미, 서울.

비만관리 프로그램의 체중 감량 효과에 대한 메타분석 결과를 살펴보자. 메타분석 결과를 해석하기 위해서는 우선적으로 이질성 검정(test of heterogeneity) 결과를 보아야 한다.

```
Quantifying heterogeneity:
tau^2 = 0.2199; H = 1.54 [1.22; 1.93]; I^2 = 57.7% [33.4%; 73.1%]

Test of heterogeneity:
    Q d.f. p-value
 54.31   23  0.0002
```

이질성 검정 결과 유의확률(p-value)이 0.0002로 일반적인 유의수준(significance level) 0.05보다 작다. 따라서 귀무가설($H_0 : \tau^2 = 0$)을 기각한다. 이는 개별연구들이 동질적인 것으로 판단하기에는 이질성이 크게 나타났으며, 따라서 효과크기에 대한 모형으로 확률효과모형을 선택하는 것이 바람직하다는 것을 의미한다.

이질성 검정 결과 확률효과모형을 선택하는 것이 타당하다는 것을 확인하였고, 그 다음 단계는 효과크기에 대한 95% 신뢰구간을 살펴보는 것이 적절하다.

```
                       SMD      95%-CI        z   p-value
Fixed effect model   0.8618 [0.7015; 1.0222] 10.54 < 0.0001
Random effects model 0.9048 [0.6534; 1.1562]  7.05 < 0.0001
```

고정효과모형(fixed effect model) 결과를 살펴보면, 표준화 평균 차(standardized mean difference, SMD) 값이 0.9048로 나타났으며, 이는 Cohen(1988)의 기준으로 볼 때 큰(large) 효과크기(0.8)보다 더 크게 나타난 값이다. 따라서 비만관리 프로그램이 체중 감량 및 허리둘레 감소에 있어서 큰 효과를 나타내는 것으로 해석할 수 있다.

메타분석 결과를 이용하여 추후 필요한 분석을 진행하고자 할 경우 **metacont()** 함수의 출력결과를 저장하여 사용하는 것이 효과적이다. **metacont()** 함수를 이용하여 얻은 메타분석 결과를 meta1이라는 오브젝트에 저장하여 그 핵심적인 결과를 출력하는 방법은 다음과 같다.

```
> meta1 = metacont(nE, mE, sE, nC, mC, sC, data=rd1, sm="SMD")
> summary(meta1)
```

metacont( ) 함수에서 제공하는 모든 결과를 출력하기 위해서는 **print( )** 함수를 사용하며, 그 방법은 다음과 같다.

```
> print(meta1)
```

2) 부분집단 분석

비만관리 프로그램의 효과에 대한 메타분석 결과 이질성이 발견되었고, 개별연구의 이질성을 고려한 확률효과모형으로 효과크기의 유의성을 검정하였다. 예제 데이터를 살펴보면, 효과변수는 체중(weight)과 허리둘레(waist) 2종류이며, 단위가 서로 다르기 때문에 표준화 평균 차를 이용한 효과크기 비교를 진행하였다. 하지만 이질성이 나타났기 때문에 우선적으로 효과변수의 종류에 따라서 메타분석을 진행할 필요가 있는 것으로 판단된다. 효과변수별로 메타분석을 시행하는 방법은 **metacont( )** 함수에서 byvar 인수를 이용하여 효과변수를 지정하면 되며, 그 방법은 다음과 같다.

```
> metacont(nE, mE, sE, nC, mC, sC, data=rd1, sm="SMD", byvar=EV)
```

위의 방법 대신 다음과 같은 방법으로 분석하여도 동일한 결과를 얻게 된다.

```
> meta1.sub = update(meta1, byvar=EV)
> print(meta1.sub)
```

앞의 방법으로 분석할 경우 출력결과에는 개별연구로부터 구한 효과크기(g_i)와 비만관리 프로그램의 효과크기(δ)(확률효과모형의 경우에는 개별연구 고유 효과크기에 대한 분포의 평균)에 대한 95% 신뢰구간이 주어진다. 메타분석은 개별연구의 효과크기를 결합하여 평균효과크기를 구하고, 그 값을 토대로 프로그램의 효과크기에 대한 가설검정과 신뢰구간을 구하기 때문에 개별연구의 효과크기를 기반으로 한 효과크기의 신뢰구간은 굳이 출력할 필요가 없는 경우가 많다. 이러한 경우 **print( )** 함수 대신에 **summary( )** 함수를 이용하면 된다.

비만관리 프로그램의 효과크기를 효과변수별로 분석하기 위한 부분집단 분석은 다음과 같이 하여도 개별연구의 효과크기를 바탕으로 한 신뢰구간을 제외하고 동일한 출력결과를 얻을 수 있다.

```
> meta1.sub = update(meta1, byvar=EV)
> summary(meta1.sub)
```

효과변인별로 부분집단 분석(subgroup analysis)을 시행한 결과는 다음과 같다.

```
Results for subgroups (fixed effect model):
              k    SMD        95%-CI        Q    tau^2    I^2
EV = waist    8 1.2847 [0.9675; 1.6020] 29.45 0.6899 76.2%
EV = weight  16 0.7168 [0.5310; 0.9026] 15.70 0.0067  4.5%

Test for subgroup differences (fixed effect model):
                Q   d.f. p-value
Between groups 9.16    1  0.0025
Within groups 45.15   22  0.0025

Results for subgroups (random effects model):
              k    SMD        95%-CI        Q    tau^2    I^2
EV = waist    8 1.3661 [0.6964; 2.0357] 29.45 0.6899 76.2%
EV = weight  16 0.7174 [0.5269; 0.9078] 15.70 0.0067  4.5%
```

부분집단 분석 결과 효과크기에 대한 고정효과 모형에서 두 집단(여기서는 두 효과변수)-간(between groups) 관측된 효과크기의 이질성 검정 결과 유의확률(p-value)이 0.0025로 나타나 귀무가설을 기각할 수 있다. 이는 효과변수인 체중에 대한 효과크기와 허리둘레에 대한 효과크기는 서로 이질적이라는 것을 의미한다.

이질성 척도인 I^2-통계량의 값을 보면 허리둘레(waist)의 경우 0.762(76.2%)로 큰 이질성을 보이고 있으며, 체중(weight)의 경우 0.045(4.5%)로 작은 이질성을 보이고 있는 것으로 나타났다. 따라서 허리둘레의 평균효과크기는 확률효과모형으로부터 추정된 1.3661이고, 효과크기에 대한 95% 신뢰구간은 (0.6964, 2.0357)로 구해지며, 체중의 평균효과크기는 고정효과모형으로부터 추정된 0.7168이고, 효과크기에 대한 95% 신뢰구간은 (0.5310, 0.9026)으로 구해진다. 이는 비만관리 프로그램의 효과를 체중(kg) 감량으로 평가할 경우보다 허리둘레(cm) 감소로 평가하는 경우에 평균효과크기가 크게 나타나지만 효과크기에 대한 신뢰구간이 서로 겹치기 때문에 통계적으로 유의미하게 차이가 나는 것으로는 평가할 수 없다는 것을 의미한다.

효과변수별 부분집단 분석 결과는 숲-그림(forest plot)을 얻기 위한 **forest()** 함수를 이용하여 구할 수 있으며, 그 방법과 출력결과는 다음과 같다.

```
> meta1.for = update(meta1, byvar=EV, studlab=paste(Author, Year))
> forest(meta1.for)
```

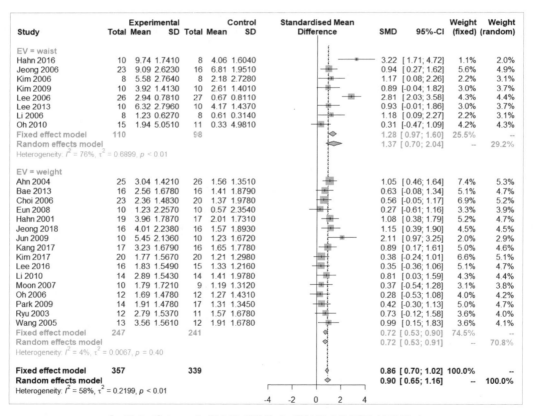

[그림 1-3] forest() 함수를 이용한 효과변수별 부분집단 분석 결과

부분집단 분석 방법을 설명하기 위하여 앞에서는 효과변수(EV)를 이용하였다. 이번에는 효과변수(effect variable)가 체중(weight)인 경우에 대한 메타분석을 연구대상(Target)별로 실시하여 보기로 하자.

우선, 효과변수 체중(weight)에 대한 메타분석 결과는 다음과 같다.

```
> meta1.wt = metacont(nE, mE, sE, nC, mC, sC, data=rd1.wt, sm="SMD")
> summary(meta1.wt)
```

```
Number of studies combined: k = 16

                      SMD         95%-CI       z   p-value
Fixed effect model    0.7168 [0.5310; 0.9026] 7.56 < 0.0001
Random effects model  0.7174 [0.5269; 0.9078] 7.38 < 0.0001

Quantifying heterogeneity:
tau^2 = 0.0067; H = 1.02 [1.00; 1.48]; I^2 = 4.5% [0.0%; 54.4%]

Test of heterogeneity:
    Q  d.f. p-value
 15.70   15  0.4023
```

체중감량 효과를 검증하기 위한 메타분석 결과 16개 개별연구의 관측된 효과크기에 대한 이질성 검정 결과 Q-통계량의 값이 15.7이며, 유의확률이 0.4023으로 일반적인 유의수준 값인 0.05보다 크게 나타났다. 이는 귀무가설을 채택할 수 있다는 것으로 이질성이 존재하지 않는다는 것을 의미한다. 따라서 개별연구 16편을 이용한 체중감량 효과를 살펴볼 경우 16편으로부터 구한 효과크기에 대한 유의성 검정 결과를 받아들여도 메타분석 측면에서는 문제가 될 것은 없다. 비만관리 프로그램의 효과크기는 0.7168로 중간 (medium) 이상의 효과크기를 보이고 있는 것으로 나타났다. 경우에 따라서 메타분석 연구자는 개별연구의 동질성 여부에 관계없이 연구대상(Target)에 따라서 체중감량 효과의 차이를 비교하고자 하는 경우가 있다. 이 경우 부분집단 분석을 실시할 수 있다.

연구대상별로 체중감량 효과가 동일한지 여부를 파악하기 위하여 부분집단 분석을 실시하는 방법은 다음과 같다.

```
> meta1.sub = update(meta1.wt, byvar=Target, studlab=paste(Author, Year))
> summary(meta1.sub)
```

비만관리 프로그램의 체중감량 효과를 살펴보기 위하여 연구대상별로 부분집단 분석을 시행한 결과는 다음과 같다.

```
Results for subgroups (fixed effect model):
                 k   SMD            95%-CI    Q  tau^2    I^2
Target = Fat     9 0.8363 [0.5795; 1.0931] 9.56 0.0304 16.3%
Target = Normal  7 0.5856 [0.3165; 0.8548] 4.39      0  0.0%

Test for subgroup differences (fixed effect model):
                   Q  d.f. p-value
Between groups  1.74    1  0.1866
Within groups  13.96   14  0.4530

Results for subgroups (random effects model):
                 k   SMD            95%-CI    Q  tau^2    I^2
Target = Fat     9 0.8453 [0.5632; 1.1273] 9.56 0.0304 16.3%
Target = Normal  7 0.5856 [0.3165; 0.8548] 4.39      0  0.0%

Test for subgroup differences (random effects model):
                   Q   d.f. p-value
Between groups  1.70     1  0.1918
```

연구대상별로 부분집단 분석을 실시한 결과 과체중 집단(Fat)과 정상집단(Normal)의 I^2-통계량의 값이 각각 0.163(16.3%)과 0으로 나타났으며, 이는 작은 크기의 이질성으로 두 집단 모두 관측된 효과크기가 동질적이라는 것을 의미한다. 앞의 출력결과는 다음과 같은 고정효과모형을 이용한 두 집단의 효과크기 차이에 대한 검정결과를 통해서도 확인할 수 있다.

```
Test for subgroup differences (fixed effect model):
            Q d.f. p-value
Between groups  1.74   1  0.1866
Within groups  13.96  14  0.4530
```

출력결과를 살펴보면, 두 집단의 효과크기의 차가 없다는 귀무가설에 대한 검정결과 유의확률이 0.1866으로 유의수준 0.05보다 크기 때문에 귀무가설을 채택하여, 두 집단의 효과크기 차이가 없다고 판단할 수 있다.

정상집단과 과체중 집단에 대한 체중감량 효과는 다음의 출력결과를 토대로 파악할 수 있다.

```
Results for subgroups (fixed effect model):
                k  SMD        95%-CI     Q  tau^2   I^2
Target = Fat    9 0.8363 [0.5795; 1.0931] 9.56 0.0304 16.3%
Target = Normal 7 0.5856 [0.3165; 0.8548] 4.39     0  0.0%
```

정상인을 대상으로 한 비만관리 프로그램의 효과크기는 0.5856이고, 과체중 집단을 대상으로 한 효과크기는 0.8363으로 나타났기 때문에 비만관리 프로그램이 정상체중인 사람보다 과체중인 사람에게 더 효과적이라고 판단하고 싶을 수도 있지만, 효과크기에 대한 신뢰구간을 살펴보면 정상체중 집단으로부터 구한 효과크기에 대한 신뢰구간과 과체중 집단으로부터 구한 신뢰구간이 서로 겹치고 있다. 따라서 두 집단 간에 비만관리 프로그램의 효과크기 차이가 있다고 판단할 수는 없는 것으로 나타났다.

3) 메타회귀 분석

비만관리 프로그램의 중재기간(Duration)이 길수록 효과크기가 증가하는지 여부를 파악할 필요가 있다. 이러한 경우 적용할 수 있는 분석 방법이 메타회귀(meta-regression) 분석이다.

체중감량 효과가 중재기간이 증가할수록 증가하는지 여부를 파악하기 위한 메타회귀 분석 방법과 출력결과는 다음과 같다.

```
> meta1.reg = metareg(meta1.wt, Duration)
> print(meta1.reg)

Model Results:

          estimate      se     zval     pval    ci.lb    ci.ub
intrcpt    -0.2580  0.3386  -0.7620   0.4461  -0.9217   0.4057
Duration    0.1163  0.0388   2.9988   0.0027   0.0403   0.1923  **

---
Signif. codes:  0 '***' 0.001 '**' 0.01 '*' 0.05 '.' 0.1 ' ' 1
```

출력결과를 살펴보면, 중재기간(Duration)을 공변인(covariate)으로 설정할 경우 중재기간에 대한 회귀계수의 추정 값은 0.1163(p-value=0.0027)으로 귀무가설($H_0 : \beta_1 = 0$)을 기각한다. 이는 중재기간이 1주 증가할 경우 효과크기는 0.1163 증가한다는 것을 의미하는 것으로 프로그램의 체중 감량 효과에 있어서 중재기간은 조절변수(moderator) 역할을 하고 있는 것으로 해석한다.

중재기간을 효과크기에 대한 공변인으로 설정할 경우 확률효과모형의 잔차(residual)[9]에 대한 이질성 검정결과는 다음과 같다.

```
Test for Residual Heterogeneity:
QE(df = 14) = 6.7066, p-val = 0.9454
```

출력결과를 살펴보면, 이질성 척도인 Q-통계량의 값은 6.7066(p-value=0.9454)으로 나타났으며, 동질성을 가정하고 있는 귀무가설을 채택한다. 이는 중재기간을 공변인을 설정하지 않고 확률효과모형으로 메타분석을 하였을 경우의 이질성 척도인 Q-통계량의 값이 값인 15.70보다 작게 나타났다. 이는 중재기간을 공변인으로 설정함으로써 16개 개별연구에서 보고된 관측된 효과크기의 이질성이 감소하였다는 것을 의미한다.

---

9) 효과크기에 대한 모형에서 오차(ϵ_i)가 있으며, 모형을 추정할 경우 오차(error)의 추정 값인 잔차(residual)가 생성된다. 메타회귀 분석에서의 효과크기의 동질성 검정은 잔차에 대한 동질성 검정과 같다.

중재기간을 공변인으로 설정한 모형이 타당한지 여부를 검정하기 위한 결과는 다음과 같다.

```
Test of Moderators (coefficient(s) 2):
QM(df = 1) = 8.9930, p-val = 0.0027
```

출력결과를 살펴보면 유의확률이 0.0027로 일반적인 유의수준인 0.05보다 매우 작게 나타났으며, 이는 중재기간을 공변인으로 설정한 모형이 적합하가는 것을 의미한다. 이 결과는 앞에서 살펴본 중재변인에 대한 회귀계수의 유의성 검정($H_o : \beta_1 = 0$) 결과와도 동일한 결과이다. 더불어 메타회귀 분석에서 공변인(covariate)을 조절변수(moderator)라고 부르며, 조절변수의 유의성 검정은 조절효과 검정(test of moderators)이라고도 부른다.

비만관리 프로그램의 체중감량 효과를 검증하기 위한 모형은 다음과 같다.

$$g_i = \delta + \beta_1 x_{1i} + \zeta_i + \epsilon_i , \qquad i = 1, \cdots, 16$$

여기서, g_i는 개별연구(i)의 관측된 효과크기이고, 공변인(x_{1i})은 중재기간이고, ζ_i는 개별연구(i) 고유의 추가적인 효과를 나타낸다. 위의 출력결과를 토대로 관측된 효과크기의 추정 값을 식으로 나타내면 다음과 같다.

$$\hat{g}_i = -0.2580 + 0.1163 \cdot \text{Duration}$$

이는 중재기간이 0일 경우 효과크기는 −0.2580이라는 것을 의미한다. 하지만 비만관리 프로그램의 효과크기는 양의 값으로 나타나고 있기 때문에 위와 같은 효과크기의 추정 식은 혼란을 야기할 수 있다. 이러한 혼란을 방지할 수 있는 해결책 중의 하나는 중재기간을 평균중재기간으로 뺀 값을 공변인으로 설정하여 해석하는 방법이다. 중재기간을 평균중재기간으로 뺀 값을 공변인으로 설정하는 방법을 중심화(centering)라고 부르며, 중심화를 이용한 메타회귀 분석 방법은 다음과 같다.

```
> summary(rd1.wt$Duration)
> duration.c = with(rd1.wt, Duration-mean(Duration))
> meta2.reg = metareg(meta1.wt, duration.c)
> print(meta2.reg)
```

우선 중재기간에 대한 정보를 파악하기 위한 **summary()** 함수의 출력결과를 보면, 최소 중재기간은 4주이고, 최대 중재기간은 12주이며, 16개 개별연구의 평균 중재기간은 8.25주로 나타났다.

```
   Min. 1st Qu.  Median    Mean 3rd Qu.    Max.
   4.00    6.00    8.00    8.25   10.00   12.00
```

중심화를 한 중재기간을 토대로 관측된 효과크기에 대한 메타회귀 분석을 실시한 결과는 다음과 같다.

```
Model Results:

             estimate      se    zval    pval   ci.lb   ci.ub
intrcpt        0.7015  0.0949  7.3891  <.0001  0.5154  0.8875  ***
duration.c     0.1163  0.0388  2.9988  0.0027  0.0403  0.1923   **
```

출력결과를 토대로 관측된 효과크기의 추정 값을 식으로 나타내면 다음과 같다.

$$\hat{g}_i = 0.7015 + 0.1163 \cdot (\text{Duration} - 8.25)$$

이는 중재기간이 평균인 8.25주일 경우 효과크기는 0.7015라는 것을 의미한다. 또한, 중재기간이 평균보다 1주 증가할 경우 효과크기는 0.1163 증가한다는 것을 의미한다.

중재기간의 조절효과 분석결과를 **bubble()** 함수를 이용하여 시각적으로 표현할 수 있으며, 그 방법과 출력결과는 [그림 1-4]와 같다.

```
> bubble(meta2.reg)
```

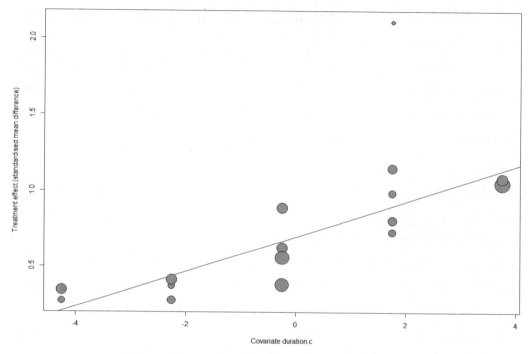

[그림 1-4] 중재기간의 조절효과 – 버블그림(bubble plot)

출력결과를 살펴보면, 중재기간이 증가할수록 효과크기가 증가하고 있는 것을 볼 수 있다. 이는 비만관리 프로그램의 효과가 중재기간에 따라서 다르다는 것을 의미하는 것으로 메타분석 연구에서는 효과크기에 대한 중재기간의 조절효과가 있으며, 이 경우 중재기간은 프로그램 효과크기의 조절변수라고 표현한다. 버블(bubble)은 메타회귀 모형에서 각 개별연구의 가중치의 크기를 나타낸 것으로, 가중치가 클수록(관측된 효과크기의 분산의 추정 값이 작을수록) 버블의 크기는 크게 표현되고 있다.

이 책에서 예제로 다루고 있는 비만관리 프로그램의 체중감량 효과를 검증하기 위하여 16편의 개별연구에서 관측된 효과크기를 기반으로 메타분석을 실시한 결과 비만관리 프로그램의 효과크기는 중간 이상의 효과를 나타내는 0.7168로 나타났으며, 정상체중과 과체중 집단에 대한 효과크기의 차이는 없는 것으로 판단되고, 중재기간이 증가할수록 효과크기는 증가하는 것으로 나타났다.

프로그램의 효과를 검증하기 위한 목적으로 진행된 개별연구가 일반적으로 학술지에 게재되기 위해서는 연구자의 투고와 심사위원의 심사를 거쳐야 한다. 연구자의 입장에서는 효과크기에 대한 가설검정 결과가 유의미하게 나온 경우에 투고를 하는 경향이 강하며, 심사자의 입장에서는 유의미하게 나온 연구결과를 긍정적으로 평가하는 경향이 있다. 때문에 효과크기에 대한 가설검정 결과가 유의미하게 나타나지 않을 경우 연구자는 투고를 주저하고, 설사 투고된 경우에도 심사자는 부정적으로 평가하여 논문에 게재되는 가능성이 줄어든다. 이와 같이 유의미한 결과가 나타나지 않은 개별연구는 발표에서 제외되고 유의미하게 나타난 결과 위주로 발표됨으로써 발생하는 왜곡 현상을 출판편의(publication bias)라고 부른다. 출판편의가 존재할 경우 프로그램의 효과를 입증하기 위하여 메타분석을 사용하는 방법은 근본적으로 오류가 있을 수밖에 없다. 하지만 프로그램의 효과를 주장하는 수많은 개별연구물이 학술지에 발표되는 현실에서 이들 연구물을 기반으로 한 메타분석의 유용성을 부정할 수는 없는 것도 엄연한 현실이다. 따라서 메타분석 연구를 진행할 경우 가급적 높은 수준의 개별연구를 토대로 효과크기에 대한 통계적 추론을 진행하여야 하며, 이렇게 추정한 평균효과크기는 참(true) 효과크기를 본질적으로 과대추정(over-estimate)하고 있다는 사실을 늘 염두에 두어야 한다. 출판편의는 연구결과 선택 편의(outcome selection bias) 또는 연구결과 보고 편의(outcome reporting bias)라고도 부른다.

메타분석에서 출판편의가 존재하는지 여부를 판단하기 위한 방법은 각 개별연구에서 관측된 효과크기를 기반으로 구한 효과크기(δ)에 대한 95% 신뢰구간이 평균효과크기(mean effect size)를 중심으로 대칭의 형태를 이루고 있는지 여부를 평가하는 방법으로 깔때기 그림(funnel plot)이 있다.

비만관리 프로그램의 체중감량 효과를 검증한 메타분석 결과(meta1.wt)에 대한 깔때기 그림(funnel plot)을 그리는 방법과 출력결과는 [그림 1-5]와 같다.

```
> funnel(meta1.wt)
```

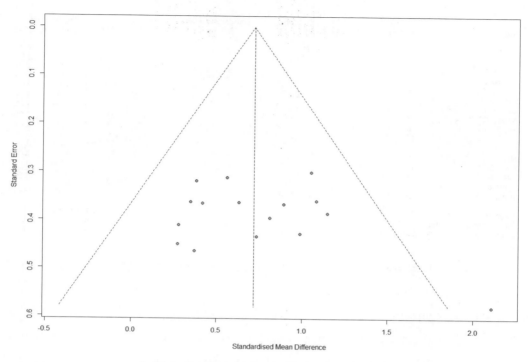

[그림 1-5] 깔때기 그림(funnel plot): 출판편의 분석

깔때기 그림에서 x-축은 표준화 평균 차(standardized mean difference)인 관측된 효과크기를 나타내고, y-축은 그에 해당되는 추정된 표준오차(standard error)를 나타내고 있다. [그림 1-5]를 살펴보면, 가운데 수직 점선은 평균효과크기인 0.7168을 나타내고 있으며, 좌우측 점선으로 표현한 경계선(사선)은 평균효과크기를 중심으로 효과크기에 대한 95% 신뢰구간을 나타내고 있다. 우측 하단을 살펴보면 하나의 연구가 깔때기 경계선 밖에 존재하고 있는 것을 발견할 수 있다. 이에 대한 정보를 자세히 살펴보기 위하여 다음과 같이 **forest()** 함수를 활용하면 매우 유용하며, [그림 1-6]과 같은 출력결과를 얻게 된다.

```
> meta1.wt.up = update(meta1.wt, studlab=paste(Author, Year))
> forest(meta1.wt.up)
```

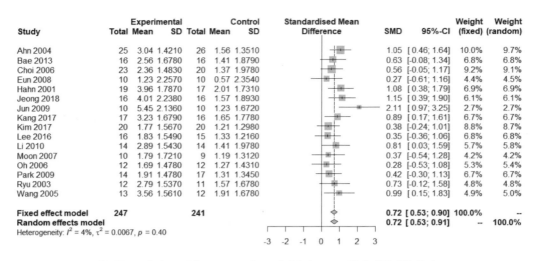

Study	Total	Experimental Mean	SD	Total	Control Mean	SD	Standardised Mean Difference	SMD	95%-CI	Weight (fixed)	Weight (random)
Ahn 2004	25	3.04	1.4210	26	1.56	1.3510		1.05	[0.46; 1.64]	10.0%	9.7%
Bae 2013	16	2.56	1.6780	16	1.41	1.8790		0.63	[-0.08; 1.34]	6.8%	6.8%
Choi 2006	23	2.36	1.4830	20	1.37	1.9780		0.56	[-0.05; 1.17]	9.2%	9.1%
Eun 2008	10	1.23	2.2570	10	0.57	2.3540		0.27	[-0.61; 1.16]	4.4%	4.5%
Hahn 2001	19	3.96	1.7870	17	2.01	1.7310		1.08	[0.38; 1.79]	6.9%	6.9%
Jeong 2018	16	4.01	2.2380	16	1.57	1.8930		1.15	[0.39; 1.90]	6.1%	6.1%
Jun 2009	10	5.45	2.1360	10	1.23	1.6720		2.11	[0.97; 3.25]	2.7%	2.7%
Kang 2017	17	3.23	1.6790	16	1.65	1.7780		0.89	[0.17; 1.61]	6.7%	6.7%
Kim 2017	20	1.77	1.5670	20	1.21	1.2980		0.38	[-0.24; 1.01]	8.8%	8.7%
Lee 2016	16	1.83	1.5490	15	1.33	1.2160		0.35	[-0.36; 1.06]	6.8%	6.8%
Li 2010	14	2.89	1.5430	14	1.41	1.9780		0.81	[0.03; 1.59]	5.7%	5.8%
Moon 2007	10	1.79	1.7210	9	1.19	1.3120		0.37	[-0.54; 1.28]	4.2%	4.2%
Oh 2006	12	1.69	1.4780	12	1.27	1.4310		0.28	[-0.53; 1.08]	5.3%	5.4%
Park 2009	14	1.91	1.4780	17	1.31	1.3450		0.42	[-0.30; 1.13]	6.7%	6.7%
Ryu 2003	12	2.79	1.5370	11	1.57	1.6780		0.73	[-0.12; 1.58]	4.8%	4.8%
Wang 2005	13	3.56	1.5610	12	1.91	1.6780		0.99	[0.15; 1.83]	4.9%	5.0%
Fixed effect model	**247**			**241**				**0.72**	**[0.53; 0.90]**	**100.0%**	**--**
Random effects model								**0.72**	**[0.53; 0.91]**	**--**	**100.0%**

Heterogeneity: $I^2 = 4\%$, $\tau^2 = 0.0067$, $p = 0.40$

-3 -2 -1 0 1 2 3

[그림 1-6] 숲-그림(forest plot) – 비만관리 프로그램의 체중감량 효과

숲-그림을 살펴보면, 개별연구 Jun(2009)의 경우 표준화 평균 차(SMD) 값이 2.11인 것을 알 수 있으며, 관측된 효과크기의 분산의 역수로 구한 가중치의 값이 전체가중치의 2.7% 정도에 지나지 않는 것으로 파악된다. 이는 다른 개별연구에 비하여 Jun(2009)의 연구에서 보고된 효과크기 값이 상대적으로 크고, 관측된 효과크기의 분산 및 표준오차의 값 또한 크며, 따라서 평균효과크기를 구할 때의 가중치는 작다는 것을 의미한다. 이와 같이 관측된 효과크기와 효과크기의 표준오차가 깔때기 경계선 밖에 존재하는 개별연구의 경우 출판편의가 존재할 가능성이 큰 것으로 의심된다. 메타분석 연구자는 출판편의를 야기하는 개별연구가 있을 경우 그 개별연구를 제외하고 축소된 수의 개별연구를 대상으로 메타분석을 실시할 수도 있다. 위의 출력결과에서 Jun(2009)의 연구에서 표본의 크기는 10으로 다른 연구에 비하여 상대적으로 작다. 이와 같이 출판편의를 야기하는 연구물의 경우 일반적으로 표본의 크기가 작은 경우에 주로 발생하고 있으며, 표본의 크기가 작음에도 불구하고 효과크기가 크게 보고되는 개별연구가 학술지에 게재됨으로써 발생하는 현상 때문에 출판편의를 소표본연구 효과(small-study effects)[10]라고 부른다.

출판편의가 존재할 경우 메타분석을 통하여 구한 평균효과크기는 과대 추정되는 경향이 있기 때문에 평균효과크기가 얼마나 강건(robust)한지를 평가하는 것은 의미가 있다. Rosental(1979)[11]은 메타분석에서 유의미하게 나타난 효과크기의 추정 값이 더 이상 유

10) Schwarzer, Carpenter, and Rücker. (2015). *Meta-Analysis with R*, Use R!, Springer, Switzerland.

11) Rosenthal, R. (1979). The 'file drawer problem' and tolerance for null results. *Psychol Bull* 86, pp 638-641.

의미하지 않게 되는데 필요한 유의미하지 않아서 보고되지 않은(효과크기가 0으로 추정된) 개별연구의 수를 제안하고, 이를 효과크기-안정성 계수(Fail-safe N)라고 불렀다. 효과크기-안정성 계수의 값은 클수록 메타분석을 통하여 구한 효과크기의 추정 값이 강건하다는 것을 의미한다. 일반적으로 효과크기-안정성 계수 값이 $5k+10$보다 클 경우 메타분석을 통하여 구한 평균효과크기의 유의성은 강건하다고 판단한다.

효과크기-안정성 계수를 구하기 위해서는 metafor 패키지의 **fsn()** 함수가 필요하며, 그 값을 구하는 방법과 출력결과는 다음과 같다.

```
> library(metafor)
> ls(meta1.wt)
> fsn(yi=meta1.wt$TE, sei=meta1.wt$seTE)
```

```
Fail-safe N Calculation Using the Rosenthal Approach

Observed Significance Level: <.0001
Target Significance Level:   0.05


Fail-safe N: 328
```

출력결과를 살펴보면, 효과크기-안정성 계수의 값은 328로 나타났다. 이 값은 비만관리 프로그램의 체중 감량 효과에 대한 효과크기를 구하기 위해서 사용된 개별연구의 수(k)인 16편을 토대로 구한 효과크기-안정성 기준 값 90($5k+10=90$)보다 크다. 따라서 비만관리 프로그램의 효과크기 추정 값인 0.7168은 강건한 결과인 것으로 판단되며, 이는 출판편의에 의해서 영향을 받지 않는다는 것을 의미한다.

2장 | 프로그램 효과 검증을 위한 연구 설계와 효과크기

Meta Analysis

프로그램의 효과 검증을 목적으로 실험 연구를 진행할 경우 기본적으로 이용되고 있는 설계는 실험집단과 비교집단을 대상으로 사전과 사후 검사를 진행하는 설계로 이를 비동등 통제집단 사전/사후-검사 설계(nonequivalent control group pre/post-test design)라고 부른다. 이 경우 실험이 부과되는 실험단위(experimental unit)는 개인이다. 실험집단의 개인에게는 연구자가 그 효과를 입증하고자하는 프로그램(P_E)이 제공되며, 통제집단의 개인에게는 연구자가 입증하고자 하는 프로그램과 비교하고자 하는 프로그램 또는 중재, 개입이 최소화된 프로그램(P_C)이 제공된다.

비동등 통제집단 사전/사후-검사 설계는 연구자에 따라서 사전검사-사후검사 비동등 집단 설계(pretest-posttest nonequivalent groups design) 또는는 두 집단 사전검사-사후검사 설계(two groups pretest-posttest design) 등 다양한 이름으로 정의하고 있다. 비동등 통제집단 사전/사후-검사 설계에서 비동등 통제집단(nonequivalent control group)의 의미는 실험집단과 동일하지 않은 통제집단을 구성하는 설계라는 것을 의미하고, 사전/사후-검사(pre/post-test)의 의미는 실험집단과 통제집단에 각각 프로그램 P_E와 P_C가 제공되기 전에 효과변수에 대한 측정(검사)을 진행하고, 프로그램이 제공된 기간(중재기간)이 경과한 후에 효과변수에 대한 측정(검사)을 진행한다는 의미이다. 비동등 통제집단 사전/사후-검사 설계의 개념적인 내용은 다음과 같다.

비동등 통제집단 사전/사후-검사 설계

	사전 검사 (pretest)	프로그램/처치/개입 (program/treatment)	사후 검사 (posttest)
실험집단 (experimental group)	O	P_E	O
통제집단/비교집단 (control/comparison group	O	P_C	O

실험집단과 통제집단(또는 비교집단)에 연구대상을 무작위로(at random) 배정하는지 여부에 따라서 연구 설계의 수준이 다르게 된다. 이 책에서는 프로그램 효과 검증을 위하여

무작위 배정(random assignment)으로 진행 된 비동등 통제집단 사전/사후-검사 설계에서 실험단위(experimental unit)가 개인인 연구를 대상으로 연속형 효과변수에 대한 메타분석을 실시하는 경우를 일반적인 상황으로 설정하여 설명하기로 한다.

02 | 개별연구에서의 효과크기 추정 방법

비동등 통제집단 사전/사후-검사 설계에서 연구가설에 따라서 다양한 통계분석 방법이 존재한다. 연구자는 통제집단을 아무런 처치도 부과하지 않은 집단으로 설정할 수 있으며, 또는 효과변수의 개선 효과가 있는 것으로 입증된 기존의 프로그램을 부과한 집단으로 설정할 수도 있다. 후자의 경우 통제집단(control group)을 비교집단(comparison group)이라고 부를 수 있다. 이 책에서는 통제집단과 비교집단을 혼용하여 쓰기로 한다. 설명의 편이를 위하여 비동등 통제집단 사전/사후-검사 설계에서 구한 정보는 다음과 같다고 가정하자.

비동등 통제집단 사전/사후-검사 설계

집단	표본의 크기	사전		사후		사전-사후	
		평균	표준편차	평균	표준편차	평균	표준편차
실험	n_1	$\overline{X}_{b,E}$	$S_{b,E}$	$\overline{X}_{a,E}$	$S_{a,E}$	$\overline{X}_1$	S_1
통제	n_2	$\overline{X}_{b,C}$	$S_{b,C}$	$\overline{X}_{a,C}$	$S_{a,C}$	$\overline{X}_2$	S_2

비동등 통제집단 사전/사후-검사 설계에서 얻게 되는 정보 중 표본의 크기를 제외한 모든 평균과 표준편차는 통계량이라고 부르며, 이러한 통계량(statistic)[1]은 연구자가 궁극적으로 알고자하는 모집단의 평균과 표준편차를 나타내는 모수(parameter)의 추정 값이며, 각 통계량에 대응하는 모수를 다음과 같이 정의하기로 한다.

---

[1] 통계량(statistic)의 정의는 "미지(unknown)의 모수를 포함하지 않은 확률변수의 함수"이다. 통계량을 이용하여 모수를 추정하고 가설검정을 실시하는 것이 통계적 추론(statistical inference)의 주요 내용이다.

비동등 통제집단 사전/사후-검사 설계의 통계량에 대한 참 값(모수)

집단	사전		사후		사전-사후	
	평균	표준편차	평균	표준편차	평균	표준편차
실험	$\mu_{b,E}$	$\sigma_{b,E}$	$\mu_{a,E}$	$\sigma_{a,E}$	μ_1	σ_1
통제	$\mu_{b,C}$	$\sigma_{b,C}$	$\mu_{a,C}$	$\sigma_{a,C}$	μ_2	σ_2

비동등 통제집단 사전/사후-검사 설계를 통하여 얻은 통계량을 토대로 진행할 수 있는 있는 t-검정은 5가지로 다음과 같다.

비동등 통제집단 사전/사후-검사 설계: 모수와 t-검정통계량의 종류

집단	사전			사후			사전-사후		
	평균	표준편차	t	평균	표준편차	t	평균	표준편차	t
실험	$\mu_{b,E}$	$\sigma_{b,E}$		$\mu_{a,E}$	$\sigma_{a,E}$		μ_1	σ_1	T_3
			T_1			T_2			T_5
통제	$\mu_{b,C}$	$\sigma_{b,C}$		$\mu_{a,C}$	$\sigma_{a,C}$		μ_2	σ_2	T_4

검정 통계량	귀무가설	검정 내용	통계분석	검정 통계량의 분포
T_1	$\mu_{b,E} = \mu_{b,C}$	실험집단과 통제집단의 사전 평균의 동일성 검정	이표본 t-검정 (two-sample t-test)	$t_{n_1+n_2-2}$
T_2	$\mu_{a,E} = \mu_{a,C}$	실험집단과 통제집단의 사후 평균의 동일성 검정	이표본 t-검정 (two-sample t-test)	$t_{n_1+n_2-2}$
T_3	$\mu_{b,E} - \mu_{a,E} = 0$ ($\mu_1 = 0$)	실험집단의 사전과 사후 평균의 동일성 검정	쌍체 t-검정 (paired t-test)	t_{n_1-1}
T_4	$\mu_{b,C} - \mu_{a,C} = 0$ ($\mu_2 = 0$)	통제집단의 사전과 사후 평균의 동일성 검정	쌍체 t-검정 (paired t-test)	t_{n_2-1}
T_5	$\mu_1 = \mu_2$ ($\mu_1 - \mu_2 = 0$)	실험집단과 통제집단의 사전/사후 점수의 차에 대한 평균의 동일성 검정	이표본 t-검정 (two-sample t-test)	$t_{n_1+n_2-2}$

검정통계량 T_1은 실험집단과 비교집단의 사전 평균이 동일하다는 것을 검정하는 것으로 공정한 실험을 진행하고 있다는 것을 입증하기 위한 동질성 검정의 일환으로 이용되고 있다. 실험집단과 통제집단의 구성원은 원칙적으로 무작위(random)로 배정되어야 하며, 무작위 배정 여부에 관계없이 두 집단의 동질성 검정이 수반되어야 한다. 실험집단과 비교집단의 동질성은 첫째, 두 집단을 구성하고 있는 구성원들에 대한 사회경제적 지위(연령, 학력, 경제상태 등)의 분포가 동질적이고, 둘째, 효과변수의 사전 검사 값의 분산이 동일하며, 셋째, 효과변수의 사전 검사 값의 평균이 동일할 경우에 확보된다. 하지만 현실적으로 사용하고 있는 동질성 검정은 두 집단 구성원의 사회경제적 지위의 분포가 동질적이고 사전 점수의 평균이 동일하다는 것을 입증하는 방법을 많이 사용한다.

검정통계량 T_2는 사전 점수의 평균이 동일하다는 것이 입증되었을 경우 실험집단과 비교집단의 사후 점수의 평균이 동일한지 여부를 검정하여, 실험집단에 부과된 프로그램의 효과를 입증하기 위한 방법으로 사용되는 경우가 많다. 하지만 이러한 방법은 명백히 잘못된 방법이다. 중요한 것은 집단의 사후 점수의 평균 비교가 아니라 개인의 사전과 사후 점수의 차(변화)에 대한 평균이 프로그램의 효과를 입증할 수 있는 정보이기 때문이다.

검정통계량 T_3는 비교집단이 없이 실험집단만으로 프로그램의 효과를 입증하고자 하는 연구자가 주로 사용하는 방법이다. 이 경우 실험집단의 사전/사후 점수의 변화가 있을지라도 그러한 변화가 비교집단에서도 동일하게 나타날 경우를 배제시키지 못하기 때문에 그 한계가 명백하다.

검정통계량 T_3와 T_4는 실험집단과 비교집단을 대상으로 사전/사후 점수를 측정하였지만, 비교집단에서는 검정통계량 T_4을 통하여 점수의 변화가 없게 나타난 반면에 실험집단에서는 검정통계량 T_3을 통하여 점수의 변화가 나타났다는 것을 주장함으로써 프로그램의 효과를 입증하고자 하는 연구자가 주로 사용하는 방법이다. 이 방법은 검정통계량 T_3을 이용하는 방법보다는 더 좋은 방법인 것으로 볼 수 있지만, 이 방법을 이용하여 연구자들이 보고하고 있는 논문을 살펴보면 비교집단에서는 사전보다 사후에서 점수가 악화되었지만 통계적으로 유의할 정도로 악화되지는 않아서 귀무가설을 채택하고, 실험집단에서는 사전보다 사후에 통계적으로 유의미하게 증가된 내용을 보고하고 있는 경향이 있는 것으로 파악된다. 이럴 경우 연구자가 의도하지는 않았지만 제1종 오류(type I error)를 증가시키는 결과를 초래하게 된다. 따라서 이 방법은 권장되지 못하는 방법이다.

검정통계량 T_5는 실험집단의 사전/사후-검사 점수 변화의 평균과 비교집단의 사전/사후-검사 점수 변화의 평균이 동일하다는 것을 검정하는 방법으로, 프로그램의 효과를 입증하기 위한 연구자가 사용하는 방법 중 가장 통계학적으로 논리적인 방법이다[2].

03 | 국내 메타분석 연구에서의 효과크기 계산법 비교

프로그램의 효과를 입증하기 위한 메타분석 연구에서 비동등 통제집단 사전/사후-검사 설계에서 개별연구의 관측된 효과크기를 구하는 방법은 실로 다양하며, 그 구체적인 내용은 다음과 같이 정리할 수 있다.

프로그램 효과 검증을 위한 효과크기 계산 방법

방법	평균 차	합동표준편차	관측된 효과크기
1	$\overline{X}_1 - \overline{X}_2$	$S_p = \sqrt{\dfrac{(n_1-1)S_1^2 + (n_2-1)S_2^2}{n_1+n_2-2}}$	$d_0 = \dfrac{\overline{X}_1 - \overline{X}_2}{S_p}$
2	$\overline{X}_1 - \overline{X}_2$	$S_{p,b} = \sqrt{\dfrac{(n_1-1)S_{b,E}^2 + (n_2-1)S_{b,C}^2}{n_1+n_2-2}}$	$d_1 = \dfrac{\overline{X}_1 - \overline{X}_2}{S_{p,b}}$
3	$\overline{X}_{a,E} - \overline{X}_{a,C}$	$S_{p,a} = \sqrt{\dfrac{(n_1-1)S_{a,E}^2 + (n_2-1)S_{a,C}^2}{n_1+n_2-2}}$	$d_2 = \dfrac{\overline{X}_{a,E} - \overline{X}_{a,C}}{S_{p,a}}$
4	$\overline{X}_{a,E} - \overline{X}_{a,C}$	$S_{a,C}$	$d_3 = \dfrac{\overline{X}_{a,E} - \overline{X}_{a,C}}{S_{a,C}}$
5	$\overline{X}_1$	$S_1^* = \sqrt{S_{a,E}^2 + S_{b,E}^2 - 2 \cdot r_E \cdot S_{a,E} \cdot S_{b,E}}$ with $r_E = .7$	$d_4 = \dfrac{\overline{X}_1}{S_1^*}$
6	$\overline{X}_1$	$S_{p,E} = \sqrt{\dfrac{S_{b,E}^2 + S_{a,E}^2}{2}}$	$d_5 = \dfrac{\overline{X}_1}{S_{p,E}}$

---

2) Wright, D. B. (2006). Comparing groups in a before-after design: When t test and ANCOVA produce different results, *British Journal of Educational Psychology*, 76, 663-675.

4장

변수 간의
구조적 관계 분석을 위한
메타분석

Meta Analysis

1.1 예제 데이터: 직장인의 업무성과 관련 변수 간의 상관관계

두 변수 간의 상관계수에 대한 메타분석을 위하여 이 책에서 사용하고 있는 예제 데이터(exdataset2.txt)는 개별연구를 식별하기 위한 식별번호(study), 표본의 크기(n), 4개의 변수 간의 상관계수(po_ne, po_se, po_jp, ne_se, ne_jp, se_jp)와 입사 후 근무기간(jobyear), 임금수준(wage)을 포함하고 있다.

예제 데이터가 컴퓨터의 "C: > Data" 폴더에 저장되어 있다고 가정하자. R-언어를 실행한 후 데이터를 읽어 들이고 출력하는 방법은 다음과 같다.

```
> rd2 = read.delim("C:\\Data\\exdataset2.txt")
> rd2
```

```
> rd2 = read.delim("C:\\Data\\exdataset2.txt")
> rd2
   study    n po_ne po_se po_jp ne_se ne_jp se_jp jobyear wage
1      1  671    NA    NA  0.16    NA    NA    NA       f    9
2      2   92    NA  0.37  0.39 -0.31 -0.41    NA       f    1
3      3   73 -0.33  0.29  0.09    NA    NA    NA       s    1
4      4  321    NA  0.16  0.07    NA    NA  0.07       s    1
5      5  214    NA  0.41    NA    NA    NA    NA       s    4
6      6  947    NA    NA  0.04    NA -0.18    NA       s    9
7      7  321    NA    NA    NA    NA -0.11    NA       f    2
8      8  231 -0.32  0.21    NA -0.19    NA    NA       f    3
9      9  531    NA  0.59  0.33    NA    NA  0.27       s    3
10    10  567    NA  0.53  0.11    NA    NA  0.07       s    3
11    11  213    NA  0.31    NA    NA    NA    NA       s    2
12    12  928    NA  0.38  0.04    NA    NA    NA       s    7
13    13  269    NA    NA    NA -0.49 -0.21  0.48       f    1
14    14  593    NA    NA    NA    NA -0.15  0.26       f    8
15    15   78 -0.21  0.19  0.21 -0.45 -0.36  0.41       f    6
16    16  983 -0.49    NA  0.23    NA -0.29    NA       f    3
17    17 1504    NA    NA  0.09    NA    NA    NA       f    5
18    18  247 -0.14    NA  0.11    NA -0.27    NA       f    7
19    19   79 -0.29    NA  0.31    NA -0.29    NA       s    8
20    20  875 -0.27  0.21  0.11 -0.38 -0.23  0.31       s    4
```

```
21    21    68    NA    0.07  -0.07   NA      NA    0.19    s    7
22    22   201  -0.37   0.57   0.14  -0.39  -0.27   0.34    s    1
23    23   891    NA    0.45    NA     NA      NA     NA     s    4
24    24   197    NA     NA    0.19    NA      NA     NA     f    6
25    25   431  -0.35   0.18   0.13  -0.21  -0.19   0.19    s    7
26    26    98  -0.17    NA    0.25    NA   -0.07    NA     f    1
27    27   179    NA    0.45   0.35    NA      NA    0.39    f    9
28    28    69  -0.11    NA    0.29    NA   -0.31    NA     f    6
29    29   301    NA     NA    0.35    NA      NA    0.57    f    7
30    30   679    NA    0.09    NA   -0.23    NA     NA     f    7
31    31   273  -0.41    NA    0.27    NA    0.07    NA     f    7
32    32   254    NA     NA    0.19    NA      NA     NA     s    9
33    33   316    NA    0.37    NA     NA      NA     NA     s    2
34    34   781    NA    0.19    NA     NA      NA     NA     s    5
35    35   273    NA    0.23   0.13  -0.44  -0.27    NA     f    7
36    36   268  -0.39    NA    0.19    NA   -0.05    NA     f    3
```

　　직장인의 업무성과 관련 변수 간의 상관관계 예제 데이터에 대한 변수명과 설명은 다음과 같다.

변수	설명
study	개별연구 식별 번호
n	표본의 크기
po	지각된 긍정적 상사 기대감(상사가 자신을 긍정적으로 평가한다고 생각하는 정도)
ne	지각된 부정적 상사 기대감(상사가 자신을 부정적으로 평가한다고 생각하는 정도)
se	사원의 자기효능감
jp	사원의 업무성과
po_ne	지각된 긍정적 상사 기대감(po)과 부정적 상사 기대감(ne) 간의 상관계수
po_se	지각된 긍정적 상사 기대감(po)과 자기효능감(se) 간의 상관계수
po_jp	지각된 긍정적 상사 기대감(po)과 업무성과(jp) 간의 상관계수
ne_se	지각된 부정적 상사 기대감(ne)과 자기효능감(se) 간의 상관계수
ne_jp	지각된 부정적 상사 기대감(ne)과 업무성과(jp) 간의 상관계수
se_jp	자기효능감(se)과 업무성과(jp) 간의 상관계수
jobyear	개별연구가 진행된 연구대상의 평균 근무기간(신입수준/경력수준)(f/s)
wage	개별연구가 진행된 연구대상의 평균 임금수준(1~9 등급)

1.2 meta 패키지로 상관계수에 대한 메타분석하기

변수 간의 상관관계를 검증하기 위한 메타분석을 위해서 이 책에서 사용하고 있는 함수는 metafor 패키지의 **rma()** 함수이다. 앞에서 설명한 바와 같이 metafor 패키지를 설치하고 사용하는 방법은 다음과 같다.

```
> install.packages("metafor")
> library(metafor)
```

메타분석을 이용하여 직장인의 업무성과 관련 변수 중 지각된 긍정적 상사 기대감(po)과 부정적 상사 기대감(ne) 간의 상관관계를 검증하기 위하여 **rma()** 함수를 이용하여 고정효과모형으로 평균상관계수를 구하는 방법과 출력결과는 다음과 같다.

```
> rma1.out = rma(ri=po_ne, ni=n, data=rd2, measure="COR", method="FE")
> summary(rma1.out)
```

```
Fixed-Effects Model (k = 13)

 logLik  deviance       AIC       BIC      AICc
-6.8555   61.5407   15.7109   16.2759   16.0746


Test for Heterogeneity:
Q(df = 12) = 61.5407, p-val < .0001


Model Results:


estimate      se      zval     pval    ci.lb     ci.ub
 -0.3658  0.0137  -26.6100   <.0001  -0.3928   -0.3389   ***


---
Signif. codes:  0 '***' 0.001 '**' 0.01 '*' 0.05 '.' 0.1 ' ' 1
```

이질성 검정 결과(Test for Heterogeneity)를 살펴보면 유의확률(p-value)이 일반적인 유의수준(significance level) 0.05보다 매우 작은 값으로 나타났기 때문에 귀무가설($H_0 : \tau^2 = 0$)을 기각한다. 이는 13편의 개별연구에서 관측된 상관계수들이 동질적이라고 볼 수 없다는 것을 의미한다. 따라서 개별연구 간의 이질성을 감안한 확률효과모형으로부터 추정한 평균효과크기를 사용하여야 한다. 확률효과모형 중 Hedges 방법으로 평균상관계수를 구하는 방법과 출력결과는 다음과 같다.

```
> rma1.out.r = rma(ri=po_ne, ni=n, data=rd2, measure="COR", method="HE")
> summary(rma1.out.r)
```

```
Test for Heterogeneity:
Q(df = 12) = 61.5407, p-val < .0001

Model Results:

estimate      se     zval     pval    ci.lb    ci.ub
 -0.3192  0.0294  -10.8628  <.0001  -0.3768  -0.2616  ***
```

지각된 긍정적 상사 기대감과 부정적 상사 기대감 간의 상관계수(po_ne)를 메타분석 확률효과모형 중 Hedges 방법으로 추정한 결과 −0.3192로 나타났다. 동일한 방법으로 지각된 긍정적 상사 기대감과 자기효능감 간의 상관계수(po_se), 지각된 긍정적 상사 기대감과 업무성과 간의 상관계수(po_jp), 지각된 부정적 상사 기대감과 자기효능감 간의 상관계수(ne_se), 지각된 부정적 상사 기대감과 업무성과 간의 상관계수(ne_jp), 자기효능감과 업무성과 간의 상관계수(se_jp)를 고정효과모형(method = "FE" 옵션 사용)과 확률효과모형(method = "HE" 옵션 사용)으로 추정할 수 있으며, 그 결과는 다음과 같다. 대각행렬 위 삼각형은 고정효과모형으로 추정한 결과이고, 대각선 아래 삼각형은 확률효과모형으로 추정한 결과이다.

	po	ne	se	jp
po	−	−0.3658	0.3609	0.1546
ne	−0.3192	−	−0.3404	−0.2067
se	0.3205	−0.3415	−	0.3008
jp	0.1761	−0.2045	0.2968	−

상관계수에 대한 메타분석을 위하여 **rma()** 함수를 사용할 경우 인수(arguments)는 다음과 같은 방법으로 작성하면 된다.

인수 (argument)	내용	예제 데이터의 변수명
ri	두 변수 간의 상관계수	po_ne, po_se, po_jp, ne_se, ne_jp, se_jp
ni	표본의 크기	n
data	데이터 명칭	rd2
measure	효과크기 변수의 종류	COR(단순상관계수), ZCOR(Fisher's z−변환)
method	효과크기 추정 방법	고정효과모형: FE 확률효과모형: DL, HE, HS, SJ, ML, REML, EB, PM, GENQ

02 | 메타분석적 구조방정식모형: MASEM

2.1 경로모형의 기본 개념

연속형 효과변수 간의 관계를 다루는 통계분석 방법에는 상관분석, 단순선형회귀분석, 다중회귀분석, 경로분석 등이 있다. 상관분석은 두 변수 간의 상관관계를 분석하는 방법이며, 단순선형회귀분석은 하나의 종속변수를 하나의 독립변수의 선형함수 형태로 분석하는 방법이고, 다중회귀분석은 하나의 종속변수를 여러 개의 독립변수의 선형함수 형태로 분석하는 방법이며, 경로분석은 여러 개의 종속변수를 여러 개의 독립변수와 매개변수의 선형함수 형태로 동시에 분석하는 방법이다.

구조방정식모형(structural equation model, SEM)은 측정변수(measurement)에 대한 구조방정식모형과 잠재변수(latent variable)에 대한 구조방정식모형으로 구성되어 있는 모형으로 연구자가 분석을 위해서 사용하고 있는 측정변수에는 본질적으로 측정오차(measurement error)가 있다는 것을 가정하고 있다. 아울러 측정변수는 단지 연구자가 개념적으로 정의한 구성개념으로부터 반영되어 나오는 지표라는 것을 가정하고 있다. 여기서 측정변수는 명시적으로 측정된 변수의 값으로 명시변수(manifest variable)라고도 부른다. 반면에 측정변수에 측정오차가 존재하지 않는다고 가정할 경우 구조방정식모형은 측정변수에 대한 모형으로 축소되며, 이를 경로모형(path model)이라고 부른다.

구조방정식모형은 경로모형에 비하여 좀 더 현실적인 모형이지만, 높은 수준의 연구설계와 데이터 수집에 많은 노력을 기울이지 못할 경우 모형의 적합도 기준을 충족시키지 못하는 경우가 많다. 이러한 경우 일반적으로 연구자는 좀 더 현실적인 경로모형을 분석하는 경우가 많다. 하지만 측정변수에 측정오차가 존재하지 않는 경우가 거의 없기 때문에 현실적인 적용의 한계는 분명히 존재한다.

이 책은 우선적으로 개별연구로부터 구한 상관계수를 토대로 측정변수 간의 구조적 관계를 다룰 수 있는 메타분석적 경로모형 분석(meta-analytic path model analysis)을 다루기로 한다. 설명의 편의를 위해서 한 개의 종속변수(dependent variable)(X_4), 두 개의 독립변수(independent variable)(X_1, X_2), 그리고 한 개의 매개변수(mediator, mediating variable)(X_3)로 구성된 세 가지 모형을 살펴보기로 하자.

"경로모형 1"은 두 개의 독립변수(X_1, X_2)가 종속변수(X_4)에 직접적으로 영향을 미치는 것은 물론 매개변수(X_3)를 통하여 간접적으로도 영향을 미치는 모형이다. 이러한 모형을 부분매개모형(partial mediation model)이라고 부른다.

"경로모형 2"는 독립변수 X_1이 종속변수(X_4)에 직접적으로 영향을 미치지는 않지만 매개변수(X_3)를 통하여 간접적으로 영향을 미치고 있으며, 독립변수 X_2는 종속변수(X_4)에 직접적으로 영향을 미치기도 하지만 매개변수(X_3)를 통하여 간접적으로도 영향을 미치고 있는 모형이다. 이 경우 매개변수(X_3)는 독립변수 X_1과 종속변수 X_4의 관계에서 완전매개변수 역할을 하고 있으며, 독립변수 X_2과 종속변수 X_4의 관계에서는 부분매개변수 역할을 하고 있다.

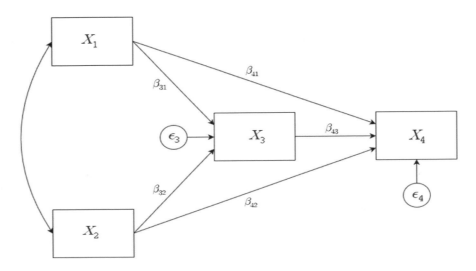

[그림 4-1] 경로모형(path model) 1

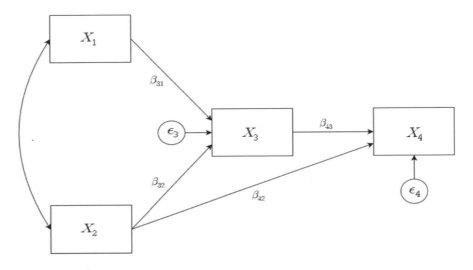

[그림 4-2] 경로모형(path model) 2

"경로모형 3"은 독립변수 X_1과 X_2 모두 종속변수(X_4)에 직접적으로 영향을 미치지는 않지만 매개변수(X_3)를 통하여 간접적으로만 영향을 미치고 있는 모형이다. 이 경우 매개변수(X_3)는 독립변수(X_1, X_2)와 종속변수(X_4)의 관계에서 완전매개변수 역할을 하고 있는 완전매개모형(full mediation model)이다.

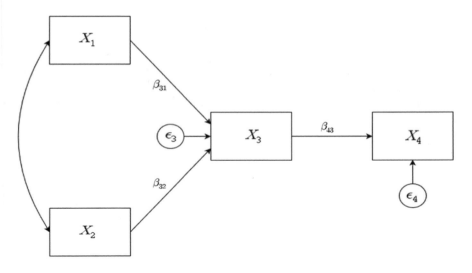

[그림 4-3] 경로모형(path model) 3

경로분석의 근본적인 개념은 연구자가 관련된 이론, 문헌검토, 경험 등을 토대로 설정한 가설적 연구모형의 적합성을 연구모형에서 독립변수, 매개변수, 종속변수로 표현되는 측정변수의 분산 및 공분산 값을 토대로 검증하는 것이다. 측정변수를 명시변수(manifest variable)라고 부른다. 연구모형을 검증하는 방법은 연구가설이 맞을 경우 측정변수의 값으로 부터 구할 수 있는 분산 및 공분산은 연구모형의 경로계수와 외생변수의 분산 및 공분산의 함수 형태로 표현되며, 이러한 연립 방정식의 해(solution)가 존재한다는 것을 전제로 하고 있다. 따라서 연구자가 설정한 경로모형이 이론 및 실증적으로 정확한 모형이라면 관측된 측정변수에 대한 분산 및 공분산 값(Σ_{data})은 설정된 경로모형의 경로계수(path coefficients)와 외생변수의 분산 및 공분산의 함수 형태로 표현된 명시변수의 분산-공분산의 값(Σ_{null})과 일치하여야 하며, 이를 다음과 같이 표현할 수 있다.

$$\Sigma_{data} = \Sigma_{null}$$

관측된 명시변수의 분산-공분산 행렬(variance-covariance matrix)이 추정하고자 하는 이론적인 분산-공분산 행렬(Σ)의 구조를 살펴보면 분산은 대각선에 기록되어 있으며, 공분산은 대각선 위 삼각형과 아래 삼각형에 기록되어 있다. 대각선 아래 삼각형과 위 삼각형에 기록되어 있는 공분산은 서로 대칭이며, 대각으로 대응되는 공분산의 값은 서로 동일하다. 이 책에서 다루고 있는 측정변수(X_1, X_2, X_3, X_4)의 평균, 분산, 공분산은 다음과 같다.

변수	평균	분산-공분산			
		X_1	X_2	X_3	X_4
X_1	μ_1	σ_1^2	σ_{12}	σ_{13}	σ_{14}
X_2	μ_2	σ_{21}	σ_2^2	σ_{23}	σ_{24}
X_3	μ_3	σ_{31}	σ_{32}	σ_3^2	σ_{34}
X_4	μ_4	σ_{41}	σ_{42}	σ_{43}	σ_4^2

측정된 명시변수의 값을 이용하여 경로모형을 작성하는 경우도 있지만, 측정된 값에서 그 값의 평균을 뺀 값(중심화 값)을 변수의 값으로 설정하거나 중심화 값을 측정된 값의 표준편차로 나눈 값(표준화 값)을 변수의 값으로 설정한 경로모형을 작성하여 분석하는 경우도 있다.

이 책에서 다루고 있는 경로모형에서 중심화(centering) 변수와 표준화(standardization) 변수를 다음과 같이 설정하자.

명칭	변수	중심화 변수	표준화 변수	새로운 변수
독립변수	X_1	$X_1 - \mu_1$	$\dfrac{X_1 - \mu_1}{\sigma_1}$	X_1^*
독립변수	X_2	$X_2 - \mu_2$	$\dfrac{X_2 - \mu_2}{\sigma_2}$	X_2^*
매개변수	X_3	$X_3 - \mu_3$	$\dfrac{X_3 - \mu_3}{\sigma_3}$	M
종속변수	X_4	$X_4 - \mu_4$	$\dfrac{X_4 - \mu_4}{\sigma_4}$	Y

중심화 변수에 대한 경로모형*

중심화 변수(centered variable)의 평균과 분산-공분산 행렬은 다음과 같다.

중심화 변수	평균	분산-공분산					
		X_1^*	X_2^*	M	Y	ϵ_3	ϵ_4
X_1^*	0	σ_1^2	σ_{12}	σ_{13}	σ_{14}	0	0
X_2^*	0	σ_{21}	σ_2^2	σ_{23}	σ_{24}	0	0
M	0	σ_{31}	σ_{32}	σ_3^2	σ_{34}	0	0
Y	0	σ_{41}	σ_{42}	σ_{43}	σ_4^2	0	0
ϵ_3	0	0	0	0	0	$\sigma_{\epsilon_3}^2$	0
ϵ_4	0	0	0	0	0	0	$\sigma_{\epsilon_4}^2$

이 책에서 사용하고 있는 경로모형은 본질적으로 2개의 다중회귀모형을 동시에 고려하고 있는 모형이다. 각 변수를 중심화 변수로 가정하고 "경로모형 1"을 연구모형으로 설정할 경우 경로모형 식을 작성하면 다음과 같다.

$$Y = \beta_{41}X_1^* + \beta_{42}X_2^* + \beta_{43}M + \epsilon_4$$
$$M = \beta_{31}X_1^* + \beta_{32}X_2^* + \epsilon_3$$

경로모형을 토대로 중심화한 명시변수의 분산 및 공분산을 구하는 과정을 살펴보기로 하자. 공분산은 대각행렬의 아래 삼각형에서 사용한 표현법을 사용하기로 한다. 우선 측정 가능한 외생변수 X_1^*과 X_2^*의 분산은 각각 σ_1^2, σ_2^2이고, 공분산은 σ_{21}이며, 오차인 외생변수 ϵ_3과 ϵ_4의 분산은 각각 $\sigma_{\epsilon_3}^2$과 $\sigma_{\epsilon_4}^2$이고, 공분산은 오차는 서로 독립을 가정하고 있기 때문에 0이다. 매개변수 M과 독립변수 X_1^*의 공분산(σ_{31})은 다음과 같게 된다.

$$Cov(M, X_1^*) = \sigma_{31} = \beta_{31}\sigma_1^2 + \beta_{32}\sigma_{21}$$

매개변수 M과 독립변수 X_2^*의 공분산(σ_{32})은 다음과 같게 된다.

$$Cov(M, X_2^*) = \sigma_{32} = \beta_{31}\sigma_{21} + \beta_{32}\sigma_2^2$$

종속변수 Y와 독립변수 X_1^*의 공분산(σ_{41})은 다음과 같게 된다.

$$\begin{aligned}
Cov(Y, X_1^*) = \sigma_{41} &= \beta_{41}\sigma_1^2 + \beta_{42}\sigma_{21} + \beta_{43}\sigma_{31} \\
&= \beta_{41}\sigma_1^2 + \beta_{42}\sigma_{21} + \beta_{43}(\beta_{31}\sigma_1^2 + \beta_{32}\sigma_{21}) \\
&= (\beta_{41} + \beta_{43}\beta_{31})\sigma_1^2 + (\beta_{42} + \beta_{43}\beta_{32})\sigma_{21}
\end{aligned}$$

종속변수 Y와 독립변수 X_2^*의 공분산(σ_{42})은 다음과 같게 된다.

$$\begin{aligned}
Cov(Y, X_2^*) = \sigma_{42} &= \beta_{41}\sigma_{21} + \beta_{42}\sigma_2^2 + \beta_{43}\sigma_{32} \\
&= \beta_{41}\sigma_{21} + \beta_{42}\sigma_2^2 + \beta_{43}(\beta_{31}\sigma_{21} + \beta_{32}\sigma_2^2) \\
&= (\beta_{42} + \beta_{43}\beta_{32})\sigma_2^2 + (\beta_{41} + \beta_{43}\beta_{31})\sigma_{21}
\end{aligned}$$

매개변수 M과 종속변수 Y의 공분산(σ_{43})은 다음과 같게 된다.

$$\begin{aligned}
\sigma_{43} &= \beta_{41}\beta_{31}\sigma_1^2 + \beta_{41}\beta_{32}\sigma_{21} + \beta_{42}\beta_{31}\sigma_{21} + \beta_{42}\beta_{32}\sigma_2^2 + \beta_{43}\beta_{31}\sigma_{31} + \beta_{43}\beta_{32}\sigma_{32} \\
&= \beta_{41}\beta_{31}\sigma_1^2 + \beta_{41}\beta_{32}\sigma_{21} + \beta_{42}\beta_{31}\sigma_{21} + \beta_{42}\beta_{32}\sigma_2^2 + \beta_{43}\beta_{31}(\beta_{31}\sigma_1^2 + \beta_{32}\sigma_{21}) + \beta_{43}\beta_{32}(\beta_{31}\sigma_{21} + \beta_{32}\sigma_2^2) \\
&= (\beta_{41}\beta_{31} + \beta_{43}\beta_{31}^2)\sigma_1^2 + (\beta_{41}\beta_{32} + \beta_{42}\beta_{31} + 2\beta_{43}\beta_{31}\beta_{32})\sigma_{21} + (\beta_{42}\beta_{32} + \beta_{43}\beta_{32}^2)\sigma_2^2
\end{aligned}$$

내생변수(endogenous)이면서 매개변수인 M의 분산(σ_3^2)은 다음과 같게 된다.

$$\begin{aligned}
\sigma_3^2 &= \beta_{31}^2\sigma_1^2 + \beta_{32}^2\sigma_2^2 + 2\beta_{31}\beta_{32}\sigma_{21} + \sigma_{\epsilon_3}^2 \\
&= (\beta_{31}\sigma_1^2 + \beta_{32}\sigma_{21})\beta_{31} + (\beta_{32}\sigma_2^2 + \beta_{31}\sigma_{21})\beta_{32} + \sigma_{\epsilon_3}^2
\end{aligned}$$

내생변수(endogenous)이면서 종속변수인 Y의 분산(σ_4^2)은 다음과 같게 된다.

$$\begin{aligned}
\sigma_4^2 &= \beta_{41}^2\sigma_1^2 + \beta_{42}^2\sigma_2^2 + \beta_{43}^2\sigma_3^2 + 2\beta_{41}\beta_{42}\sigma_{21} + 2\beta_{41}\beta_{43}\sigma_{31} + 2\beta_{42}\beta_{43}\sigma_{32} + \sigma_{\epsilon_4}^2 \\
&= \beta_{41}^2\sigma_1^2 + \beta_{42}^2\sigma_2^2 + \beta_{43}^2((\beta_{31}\sigma_1^2 + \beta_{32}\sigma_{21})\beta_{31} + (\beta_{32}\sigma_2^2 + \beta_{31}\sigma_{21})\beta_{32} + \sigma_{\epsilon_3}^2)) \\
&\quad + 2\beta_{41}\beta_{42}\sigma_{21} + 2\beta_{41}\beta_{43}(\beta_{31}\sigma_1^2 + \beta_{32}\sigma_{21}) + 2\beta_{42}\beta_{43}(\beta_{31}\sigma_{21} + \beta_{32}\sigma_2^2) + \sigma_{\epsilon_4}^2 \\
&= \beta_{41}^2\sigma_1^2 + \beta_{42}^2\sigma_2^2 + \beta_{43}^2((\beta_{31}\sigma_1^2 + \beta_{32}\sigma_{21})\beta_{31} + (\beta_{32}\sigma_2^2 + \beta_{31}\sigma_{21})\beta_{32} + \sigma_{\epsilon_3}^2)) \\
&\quad + 2(\beta_{43}\beta_{41}(\beta_{31}\sigma_1^2 + \beta_{32}\sigma_{21}) + \beta_{43}\beta_{42}(\beta_{31}\sigma_{21} + \beta_{32}\sigma_2^2) + \beta_{41}\beta_{42}\sigma_{21}) + \sigma_{\epsilon_4}^2
\end{aligned}$$

2.3 표준화 변수에 대한 경로모형*

표준화 변수(standardized variable)의 평균과 분산-공분산 행렬은 다음과 같다.

변수	평균	분산-공분산					
		X_1^*	X_2^*	M	Y	ϵ_3	ϵ_4
X_1^*	0	1	ρ_{12}	ρ_{13}	ρ_{14}	0	0
X_2^*	0	ρ_{21}	1	ρ_{23}	ρ_{24}	0	0
M	0	ρ_{31}	ρ_{32}	1	ρ_{34}	0	0
Y	0	ρ_{41}	ρ_{42}	ρ_{43}	1	0	0
ϵ_3	0	0	0	0	0	ψ_3^2	0
ϵ_4	0	0	0	0	0	0	ψ_4^2

이 책에서 사용하고 있는 경로모형은 본질적으로 2개의 다중회귀모형을 동시에 고려하고 있는 모형이다. 각 변수를 표준화 변수로 가정하고 "경로모형 1"을 연구모형으로 설정할 경우 경로모형 식을 작성하면 다음과 같다.

$$Y = \beta_{41}X_1^* + \beta_{42}X_2^* + \beta_{43}M + \epsilon_4$$
$$M = \beta_{31}X_1^* + \beta_{32}X_2^* + \epsilon_3$$

경로모형을 토대로 표준화한 명시변수의 분산 및 공분산을 구하는 과정을 살펴보기로 하자. 변수를 표준화할 경우 분산-공분산 행렬은 상관행렬로 바뀌게 된다. 상관계수는 대각행렬의 아래 삼각형에서 사용한 표현법을 사용하기로 한다. 우선 측정 가능한 외생변수 X_1^*과 X_2^*의 분산은 모두 1이고, 상관계수는 ρ_{21}이다. 외생변수인 오차는 서로 독립이라는 것을 가정하고, 오차인 ϵ_3과 ϵ_4의 분산을 각각 ψ_3^2과 ψ_4^2이라고 놓으면 매개변수 M의 과 독립변수 X_1^*의 상관계수(ρ_{31})는 다음과 같게 된다.

$$\rho_{31} = \beta_{31} + \beta_{32}\rho_{21}$$

매개변수 M과 독립변수 X_2^*의 상관계수(ρ_{32})는 다음과 같게 된다.

$$\rho_{32} = \beta_{31}\rho_{21} + \beta_{32}$$

종속변수 Y와 독립변수 X_1^*의 상관계수(ρ_{41})는 다음과 같게 된다.

$$\begin{aligned}
\rho_{41} &= \beta_{41} + \beta_{42}\rho_{21} + \beta_{43}\rho_{31} \\
&= \beta_{41} + \beta_{42}\rho_{21} + \beta_{43}(\beta_{31} + \beta_{32}\rho_{21}) \\
&= (\beta_{41} + \beta_{43}\beta_{31}) + (\beta_{42} + \beta_{43}\beta_{32})\rho_{21}
\end{aligned}$$

종속변수 Y와 독립변수 X_2^*의 상관계수(ρ_{42})는 다음과 같게 된다.

$$\begin{aligned}
\rho_{42} &= \beta_{41}\rho_{21} + \beta_{42} + \beta_{43}\rho_{32} \\
&= \beta_{41}\rho_{21} + \beta_{42} + \beta_{43}(\beta_{31}\rho_{21} + \beta_{32}) \\
&= (\beta_{42} + \beta_{43}\beta_{32}) + (\beta_{41} + \beta_{43}\beta_{31})\rho_{21}
\end{aligned}$$

매개변수 M과 종속변수 Y의 상관계수(ρ_{43})는 다음과 같게 된다.

$$\begin{aligned}
\rho_{43} &= \beta_{41}\beta_{31} + \beta_{41}\beta_{32}\rho_{21} + \beta_{42}\beta_{31}\rho_{21} + \beta_{42}\beta_{32}\rho_2^2 + \beta_{43}\beta_{31}\rho_{31} + \beta_{43}\beta_{32}\rho_{32} \\
&= \beta_{41}\beta_{31} + \beta_{41}\beta_{32}\rho_{21} + \beta_{42}\beta_{31}\rho_{21} + \beta_{42}\beta_{32} + \beta_{43}\beta_{31}(\beta_{31} + \beta_{32}\rho_{21}) + \beta_{43}\beta_{32}(\beta_{31}\rho_{21} + \beta_{32}) \\
&= (\beta_{41}\beta_{31} + \beta_{43}\beta_{31}^2) + (\beta_{42}\beta_{32} + \beta_{43}\beta_{32}^2) + (\beta_{41}\beta_{32} + \beta_{42}\beta_{31} + 2\beta_{43}\beta_{31}\beta_{32})\rho_{21}
\end{aligned}$$

내생변수(endogenous)이면서 매개변수인 M의 상관계수는 다음과 같게 된다.

$$\begin{aligned}
1 &= \beta_{31}^2 + \beta_{32}^2 + 2\beta_{31}\beta_{32}\rho_{21} + \psi_3^2 \\
&= (\beta_{31} + \beta_{32}\rho_{21})\beta_{31} + (\beta_{32} + \beta_{31}\rho_{21})\beta_{32} + \psi_3^2 \\
&= \beta_{31}^2 + \beta_{32}^2 + 2\beta_{31}\beta_{32}\rho_{21} + \psi_3^2
\end{aligned}$$

따라서 외생변수 ϵ_3의 분산(ψ_3^2)은 다음과 같다.

$$\begin{aligned}
\psi_3^2 &= 1 - \{\beta_{31}^2 + \beta_{32}^2 + 2\beta_{31}\beta_{32}\rho_{21} \\
&= 1 - \{(\beta_{31} + \beta_{32}\rho_{21})\beta_{31} + (\beta_{32} + \beta_{31}\rho_{21})\beta_{32}\} \\
&= 1 - (\beta_{31}^2 + \beta_{32}^2 + 2\beta_{31}\beta_{32}\rho_{21})
\end{aligned}$$

내생변수(endogenous)이면서 종속변수인 Y의 상관계수는 다음과 같게 된다.

$$
\begin{aligned}
1 &= \beta_{41}^2 + \beta_{42}^2 + \beta_{43}^2 + 2\beta_{41}\beta_{42}\rho_{21} + 2\beta_{41}\beta_{43}\rho_{31} + 2\beta_{42}\beta_{43}\rho_{32} + \psi_4^2 \\
&= \beta_{41}^2 + \beta_{42}^2 + \beta_{43}^2((\beta_{31} + \beta_{32}\rho_{21})\beta_{31} + (\beta_{32} + \beta_{31}\rho_{21})\beta_{32} + \psi_3^2)) \\
&\quad + 2\beta_{41}\beta_{42}\rho_{21} + 2\beta_{41}\beta_{43}(\beta_{31} + \beta_{32}\rho_{21}) + 2\beta_{42}\beta_{43}(\beta_{31}\rho_{21} + \beta_{32}) + \psi_4^2 \\
&= \beta_{41}^2 + \beta_{42}^2 + \beta_{43}^2((\beta_{31} + \beta_{32}\rho_{21})\beta_{31} + (\beta_{32} + \beta_{31}\rho_{21})\beta_{32} + \psi_3^2)) \\
&\quad + 2(\beta_{43}\beta_{41}(\beta_{31} + \beta_{32}\rho_{21}) + \beta_{43}\beta_{42}(\beta_{31}\rho_{21} + \beta_{32}) + \beta_{41}\beta_{42}\rho_{21}) + \psi_4^2 \\
&= \beta_{41}^2 + \beta_{42}^2 + \beta_{43}^2\beta_{31}^2 + \beta_{43}^2\beta_{32}^2 + 2(\beta_{43}\beta_{41}\beta_{31} + \beta_{43}\beta_{42}\beta_{32}) \\
&\quad + 2(\beta_{43}^2\beta_{32}\beta_{31} + \beta_{43}\beta_{41}\beta_{32} + \beta_{43}\beta_{42}\beta_{31} + \beta_{41}\beta_{42})\rho_{21} + \beta_{43}^2\psi_3^2 + \psi_4^2
\end{aligned}
$$

따라서 외생변수 ϵ_4의 분산(ψ_4^2)은 다음과 같다.

$$
\begin{aligned}
\psi_4^2 &= 1 - (\beta_{41}^2 + \beta_{42}^2 + \beta_{43}^2 + 2\beta_{41}\beta_{42}\rho_{21} + 2\beta_{41}\beta_{43}\rho_{31} + 2\beta_{42}\beta_{43}\rho_{32}) \\
&= 1 - \{\beta_{41}^2 + \beta_{42}^2 + \beta_{43}^2((\beta_{31} + \beta_{32}\rho_{21})\beta_{31} + (\beta_{32} + \beta_{31}\rho_{21})\beta_{32})) \\
&\quad + 2\beta_{41}\beta_{42}\rho_{21} + 2\beta_{41}\beta_{43}(\beta_{31} + \beta_{32}\rho_{21}) + 2\beta_{42}\beta_{43}(\beta_{31}\rho_{21} + \beta_{32})\} \\
&= 1 - \{\beta_{41}^2 + \beta_{42}^2 + \beta_{43}^2((\beta_{31} + \beta_{32}\rho_{21})\beta_{31} + (\beta_{32} + \beta_{31}\rho_{21})\beta_{32} + \psi_3^2)) \\
&\quad + 2(\beta_{43}\beta_{41}(\beta_{31} + \beta_{32}\rho_{21}) + \beta_{43}\beta_{42}(\beta_{31}\rho_{21} + \beta_{32}) + \beta_{41}\beta_{42}\rho_{21})\} \\
&= 1 - \{\beta_{41}^2 + \beta_{42}^2 + \beta_{43}^2\beta_{31}^2 + \beta_{43}^2\beta_{32}^2 + 2(\beta_{43}\beta_{41}\beta_{31} + \beta_{43}\beta_{42}\beta_{32}) \\
&\quad + 2(\beta_{43}^2\beta_{32}\beta_{31} + \beta_{43}\beta_{41}\beta_{32} + \beta_{43}\beta_{42}\beta_{31} + \beta_{41}\beta_{42})\rho_{21} + \beta_{43}^2\psi_3^2\}
\end{aligned}
$$

2.4 구조방정식모형 *

구조방정식모형(structural equation model, SEM)은 측정변수(measurement; manifest variable)에 대한 구조방정식모형과 잠재변수(latent variable)에 대한 구조방정식모형으로 구성되어 있다.[1] "경로모형 3"과 같은 형태의 구조를 갖고 있는 구조방정식모형으로 구성된 연구모형의 개념적 틀(conceptual framework)은 다음과 같다.

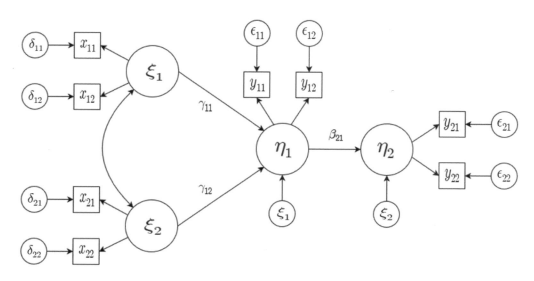

[그림 4-4] 연구모형의 개념적 틀(conceptual framework of research model)
    - 구조방정식모형(structural equation model)

구조방정식모형은 잠재변수모형(latent variable model)과 측정모형(measurement model)으로 이루어져 있으며, 일반적으로 잠재변수는 원(○)으로 표시하며, 측정변수(measurement) 또는 명시변수(manifest variable)는 네모(□)로 표시한다. 메타분석적 구조방정식모형[2]에서는 명시변수의 상관행렬을 이용하기 때문에 명시변수가 표준화 변수(standardized variable)라고 가정하고 있다. 따라서 이 책에서는 표준화된 명시변수를 이용한 구조방정식모형을 다룰 것이다. 구조방정식모형에 대한 자세한 내용은 Bollen(1989)을 참조하기 바란다.

앞에서 제시한 구조방정식모형 중 잠재변수에 대한 구조방정식모형의 식과 가정은 다음과 같다.

---

1) Bollen, K. A. (1989). *Structural Equations with Latent Variables*. John Wiley & Sons. pp.14-20.
2) Jak, S. (2015). *Meta-Analytic Structural Equation Modeling*. Springer.

잠재변수에 대한 구조방정식모형

- 구조방정식:

$$\eta = B\eta + \Gamma\xi + \zeta$$

$$\begin{bmatrix} \eta_1 \\ \eta_2 \end{bmatrix} = \begin{bmatrix} 0 & 0 \\ \beta_{21} & 0 \end{bmatrix} \begin{bmatrix} \eta_1 \\ \eta_2 \end{bmatrix} + \begin{bmatrix} \gamma_{11} & \gamma_{12} \\ 0 & 0 \end{bmatrix} \begin{bmatrix} \xi_1 \\ \xi_2 \end{bmatrix} + \begin{bmatrix} \zeta_1 \\ \zeta_2 \end{bmatrix}$$

- 가정

$$E(\eta) = E(\xi) = E(\zeta) = 0$$

$$E(\xi\xi^{'}) = \Phi, \ E(\zeta\zeta^{'}) = \Psi, \ Cov(\xi, \zeta) = 0$$

$$|I - B| \neq 0$$

잠재변수에 대한 구조방정식모형에서 변수, 계수, 공분산 행렬 등을 나타내는 상징 및 그에 대한 설명은 다음과 같다.

종류	상징	이름	차원	정의
잠재변수	η	eta(에타)	$m \times 1$	잠재 내생변수
	ξ	xi(크사이)	$n \times 1$	잠재 외생변수
	ζ	zeta(제타)	$m \times 1$	잠재 오차변수
계수	B	beta(베타)	$m \times m$	잠재 내생변수에 대한 계수 행렬
	Γ	gamma(감마)	$m \times n$	잠재 외생변수에 대한 계수 행렬
공분산 행렬	Φ	phi(피, 파이)	$n \times n$	잠재 외생변수의 공분산 행렬
	Ψ	psi(시, 프사이)	$m \times m$	잠재 오차변수의 공분산 행렬

앞에서 제시한 구조방정식모형 중 측정변수에 대한 구조방정식모형의 식과 가정은 다음과 같다.

측정변수에 대한 구조방정식모형

- 구조방정식:

$$x = \Lambda_x \xi + \delta$$

$$y = \Lambda_y \eta + \epsilon$$

- 가정

$$E(\delta) = 0, \ E(\delta\delta^{'}) = \Theta_\delta, \ E(\epsilon) = 0, \ E(\epsilon\epsilon^{'}) = \Theta_\epsilon$$

$$Cov(\xi, \delta) = Cov(\xi, \eta) = Cov(\xi, \epsilon) = Cov(\eta, \epsilon) = Cov(\eta, \delta) = 0$$

측정변수(명시변수)에 대한 구조방정식모형에서 변수, 계수, 공분산 행렬 등을 나타내는 상징 및 그에 대한 설명은 다음과 같다.

종류	상징	이름	차원	정의
측정변수	x	x(엑스)	$q \times 1$	잠재 외생변수의 반영지표
	y	y(와이)	$p \times 1$	잠재 내생변수의 반영지표
잠재변수	δ	delta(델타)	$q \times 1$	측정변수 x의 측정오차변수
	ϵ	epsilon(엡실런)	$p \times 1$	측정변수 y의 측정오차변수
계수	Λ_x	lambda(람다) x	$q \times n$	ξ와 x 관계의 계수 행렬
	Λ_y	lambda(람다) y	$p \times m$	η와 y 관계의 계수 행렬
공분산 행렬	Θ_δ	theta-delta (세타-델타)	$q \times q$	δ의 공분산 행렬
	Θ_ϵ	theta-epsilon (세타-엡실런)	$p \times p$	ϵ의 공분산 행렬

측정변수와 잠재변수로 구성된 구조방정식모형을 하나의 방정식으로 표현하면 다음과 같이 표현할 수 있다.

$$
\begin{bmatrix} x \\ y \\ \eta \end{bmatrix}_{(q+p+m)\times 1} = \begin{bmatrix} \Lambda_x & 0 & 0 \\ 0 & \Lambda_y & 0 \\ 0 & B & \Gamma \end{bmatrix}_{(q+p+m)\times(n+m+n)} \begin{bmatrix} \xi \\ \eta \\ \xi \end{bmatrix}_{(n+m+n)\times 1} + \begin{bmatrix} \delta \\ \epsilon \\ \zeta \end{bmatrix}_{(q+p+m)\times 1}
$$

와 같은 과정을 거치면 36개 개별연구에 대한 상관계수를 토대로 메타분석을 실시하기 위한 상관행렬이 저장되어 있는 cormat 데이터프레임이 생성된다. **pcor4()** 함수의 인수는 다음과 같다.

사용자 생성 함수	인수	내용
pcor4(sj, ej, rd2)	sj	상관계수가 저장되어 있는 시작 열
	ej	상관계수가 저장되어 있는 마지막 열
	rd2	상관계수를 비롯한 개별연구의 정보가 저장되어 있는 데이터

이 책에서 다루고 있는 예제 데이터를 rd2로 설정하였으며, 상관계수가 저장되어 있는 첫 번째 열이 열3이기 때문에 sj=3이며, 마지막 열은 열8이기 때문에 ej=8이다.

```
> cormat = pcor4(sj, ej, rd2)
> cormat
```

3) 메타분석으로 상관행렬 추정하기

메타분석적 경로모형 분석을 위해서는 개별연구에 대한 상관행렬 cormat을 토대로 합동상관행렬(pooled correlation matrix)을 추정하여야 한다. 평균효과크기인 합동상관행렬을 추정하는 방법은 개별연구의 동질성 여부에 따라서 고정효과모형 또는 확률효과모형으로 추정한다. 우선 **metaSEM** 패키지의 **tssem1()** 함수를 이용하여 고정효과모형으로 상관행렬을 추정하는 방법은 다음과 같다.

```
> stage1fixed = tssem1(Cov=cormat, n=rd2$n, method="FEM")
> summary(stage1fixed)
```

상관행렬을 구하기 위하여 고정효과모형을 선택할 것인지 확률효과모형을 선택할 것인지 여부를 결정하여야 하며, 이를 위해서는 고정효과모형으로 합동상관행렬을 구하는 방법에서 제공되는 동질성 검정 결과를 살펴보아야 한다. 동질성 검정은 구조방정식모형(또는 경로모형)의 적합도 검정 결과를 토대로 판단한다. 구조방정식모형(또는 경로분석)에서 일반적으로 모형의 적합도 검정에서 사용되는 지표와 권장되는 값은 다음과 같다.

통계량	적합성 충족 기준	적합성 허용 기준
p	⟩ 0.1	⟩ 0.05
RMSEA	⟨ 0.05	⟨ 0.08
SRMR	⟨ 0.05	⟨ 0.08
CFI	⟩ 0.95	⟩ 0.9

출력결과 중 일부는 다음과 같다.

```
Goodness-of-fit indices:

                                         Value
Sample size                         15016.0000
Chi-square of target model            521.7679
DF of target model                     78.0000
p value of target model                 0.0000
Chi-square of independence model     2611.4278
DF of independence model               84.0000
RMSEA                                   0.1168
RMSEA lower 95% CI                       0.1075
RMSEA upper 95% CI                       0.1266
SRMR                                    0.0957
TLI                                     0.8109
CFI                                     0.8244
AIC                                    365.7679
BIC                                   -228.3481
```

출력결과를 살펴보면 모든 개별연구의 상관행렬이 동질적이라는 귀무가설에 대한 검정통계량의 값은 $\chi^2_{(df=78)} = 521.7679$이고, 유의확률(p-value)의 값은 0.00으로 일반적인 유의수준 0.05보다 작은 것으로 나타났으며, RMSEA 값은 0.1168로 권장되는 값 0.10보다 큰 값으로 나타났다. 이는 개별연구 간의 상관행렬의 동질성을 가정하고 있는 고정효과모형으로 설정된 귀무가설이 근거가 부족하다는 것을 의미한다. 따라서 고정효과모형은 기각되고 확률효과모형으로 상관행렬을 추정하는 것이 타당하다.

확률효과모형으로 상관행렬을 구하는 방법은 다음과 같다.

```
> stage1random = tssem1(Cov=cormat, n=rd2$n, method="REM", RE.type="Diag")
> summary(stage1random)
```

확률효과모형으로 상관행렬을 추정한 결과는 다음과 같다.

```
95% confidence intervals: z statistic approximation
Coefficients:
                 Estimate   Std.Error      lbound       ubound  z value  Pr(>|z|)
Intercept1 -0.31233317  0.03403491 -0.37904036 -0.24562598 -9.1768 < 2.2e-16 ***
Intercept2  0.33345188  0.04054938  0.25397656  0.41292719  8.2234 2.220e-16 ***
Intercept3  0.16674898  0.01995596  0.12763601  0.20586194  8.3558 < 2.2e-16 ***
Intercept4 -0.32311352  0.04165621 -0.40475818 -0.24146885 -7.7567 8.660e-15 ***
Intercept5 -0.20331002  0.02843357 -0.25903879 -0.14758125 -7.1504 8.655e-13 ***
Intercept6  0.29205953  0.04240939  0.20893865  0.37518041  6.8867 5.711e-12 ***
```

확률효과모형으로 4개의 변수 간의 상관계수를 추정한 결과는 위의 출력결과에서 Estimate 열의 Intercept1~Intercept6 값을 살펴보면 된다. 36편의 개별연구를 토대로 6개의 상관계수를 **metafor** 패키지의 **rma()** 함수를 이용하여 확률효과모형으로 각각의 상관계수를 추정한 결과(대각선 위 행렬)와 36편 전체를 토대로 2단계 구조방정식모형(TSSEM)으로 메타분석을 실시한 **metaSEM** 패키지를 이용하여 확률효과모형으로 상관행렬을 추정한 결과(대각선 아래 행렬)를 비교하면 [표 4-1]과 같으며, 그 차이는 크지 않은 것으로 나타났다.

[**표 4-1**] 상관계수에 대한 메타분석 추정 결과 비교: 상관계수 추정과 상관행렬 추정

	po	ne	se	jp
po	−	−0.3192	0.3205	0.1761
ne	−0.3123	−	−0.3415	−0.2045
se	0.3335	−0.3231	−	0.2968
jp	0.1667	−0.2033	0.2921	−

3.3 2단계: 경로분석 단계

추정된 상관행렬을 기반으로 경로모형을 분석하기 위해서는 두 가지 단계가 필요하다. 첫 번째 단계는 경로모형의 경로계수에 대한 정보를 담고 있는 행렬 A를 설정하는 단계이고, 두 번째 단계는 경로모형에서의 외생변수에 대한 분산과 공분산에 대한 정보를 담고 있는 행렬 S를 설정하는 단계이다.

1) 경로계수 행렬 A 설정하기

추정된 상관행렬을 기반으로 "경로모형 1"을 분석하는 경우를 상정하자. 메타분석으로 상관행렬을 추정하고 경로분석을 시행하기 위해서는 모든 변수가 표준화된 경우를 가정하여야 한다. 이 경우 "경로모형 1"은 두 개의 다중회귀모형으로 구성되어 있으며, 이를 모형 식으로 나타내면 다음과 같다.

$$(식\ 1)\ \ X_3 = \beta_{31}X_1 + \beta_{32}X_2 + \epsilon_3$$
$$(식\ 2)\ \ X_4 = \beta_{41}X_1 + \beta_{42}X_2 + \beta_{43}X_3 + \epsilon_4$$

여러 개의 다중회귀모형으로 구성되어 있는 경로모형은 일반적으로 연구자가 설정한 가설적인 모형으로 연구모형(research model)이라고 부른다. 위의 연구모형을 살펴보면 변수 X_1과 X_2는 연구모형 내에서 다른 변수에게 영향을 미치는 독립변수의 역할만을 하고 있다. 이와 같은 변수를 외생변수(exogenous variable)라고 부른다. 반면에 변수 X_3과 X_4는 연구모형내의 다른 변수에 의해서 영향을 받는 종속변수의 역할을 하고 있다. 이와 같은 변수를 내생변수(endogenous variable)라고 부른다. "경로모형 1"은 4개의 외생변수 (X_1, X_2, ϵ_3, ϵ_4)와 2개의 내생변수(X_3, X_4)로 이루어져 있으며, 다중회귀모형 식을 행렬식으로 표현하면 다음과 같게 된다.

$$\underline{X} = \begin{pmatrix} X_1 \\ X_2 \\ X_3 \\ X_4 \end{pmatrix} = \begin{pmatrix} 0 & 0 & 0 & 0 \\ 0 & 0 & 0 & 0 \\ \beta_{31} & \beta_{32} & 0 & 0 \\ \beta_{41} & \beta_{42} & \beta_{43} & 0 \end{pmatrix} \begin{pmatrix} X_1 \\ X_2 \\ X_3 \\ X_4 \end{pmatrix} + \begin{pmatrix} 0 \\ 0 \\ \epsilon_3 \\ \epsilon_4 \end{pmatrix} = \underline{B}\,\underline{X} + \underline{\epsilon}$$

경로계수 행렬($\underline{B}$)를 Jak(2015)은 행렬 A(matrix A)라고 부르고 있다. **metaSEM** 패키지

에서 경로계수를 설정하는 방법은 다음과 같다.

```
############## Path Model 1 ##############################
# to make matrix A: path coefficients
A = create.mxMatrix(
  c( 0,0,0,0,
     0,0,0,0,
     "0.1*b31","0.1*b32",0,0,
     "0.1*b41","0.1*b42","0.1*b43",0),
  type = "Full", nrow = 4, ncol = 4, byrow = TRUE, name = "A"))
```

경로계수에서 "0.1*b31"이 의미하는 것은 β_{31}을 수치 해석적인 방법으로 추정하기 위한 시작 값으로 0.1을 설정하라는 의미이다. 경로계수 행렬 A를 출력하면 다음과 같다.

```
> A
FullMatrix 'A'

$labels
     [,1]  [,2]  [,3]  [,4]
[1,] NA    NA    NA    NA
[2,] NA    NA    NA    NA
[3,] "b31" "b32" NA    NA
[4,] "b41" "b42" "b43" NA

$values
     [,1] [,2] [,3] [,4]
[1,] 0.0  0.0  0.0   0
[2,] 0.0  0.0  0.0   0
[3,] 0.1  0.1  0.0   0
[4,] 0.1  0.1  0.1   0

$free
     [,1]  [,2]  [,3]  [,4]
[1,] FALSE FALSE FALSE FALSE
[2,] FALSE FALSE FALSE FALSE
[3,]  TRUE  TRUE FALSE FALSE
[4,]  TRUE  TRUE  TRUE FALSE
```

2) 상관행렬 S 설정하기

경로계수 행렬을 설정한 다음에는 외생변수의 분산-공분산 행렬 S(matrix S)를 설정하여야 한다. 경로모형에서는 일반적으로 외생변수와 내생변수의 독립성을 가정하고 있으며, 측정된 외생변수와 오차인 외생변수는 서로 독립이라는 것을 가정하고 있고, 오차인 내생변수도 서로 독립이라는 것을 가정하고 있다. "경로모형 1"은 4개의 외생변수(X_1, X_2, ϵ_3, ϵ_4)를 포함하고 있으며, 이들의 분산-공분산 행렬은 다음과 같게 된다.

$$\Sigma = \begin{pmatrix} \sigma_1^2 & \sigma_{12} & 0 & 0 \\ \sigma_{21} & \sigma_2^2 & 0 & 0 \\ 0 & 0 & \psi_3^2 & 0 \\ 0 & 0 & 0 & \psi_4^2 \end{pmatrix}$$

변수를 표준화할 경우 외생변수의 분산-공분산 행렬은 다음과 같게 된다.

$$\Sigma = \begin{pmatrix} 1 & \rho_{12} & 0 & 0 \\ \rho_{21} & 1 & 0 & 0 \\ 0 & 0 & \psi_3^2 & 0 \\ 0 & 0 & 0 & \psi_4^2 \end{pmatrix}$$

metaSEM 패키지에서 상관행렬의 설정은 상관행렬의 대칭성을 이용하여서 설정하며, 그 방법은 다음과 같다.

```
# to make matrix S: correlation matrix of exogenous variables
S = create.mxMatrix(
  c(1,
    "0.1*p21",1,
    0, 0, "1*p33",
    0, 0, 0, "1*p44"),
  type="Symm", byrow = TRUE, name="S",
  dimnames = list(varnames, varnames))
```

상관행렬에서 "0.1*p21"이 의미하는 것은 ρ_{21}을 수치 해석적인 방법으로 추정하기 위한 시작 값으로 0.1을 설정하라는 의미이다. 경로계수 행렬 S를 출력하면 다음과 같다.

```
> S
SymmMatrix 'S'

$labels
      po    ne    se     jp
po    NA   "p21"  NA     NA
ne   "p21"  NA    NA     NA
se    NA    NA   "p33"   NA
jp    NA    NA    NA    "p44"

$values
      po  ne se jp
po   1.0 0.1  0  0
ne   0.1 1.0  0  0
se   0.0 0.0  1  0
jp   0.0 0.0  0  1

$free
         po     ne     se     jp
po    FALSE   TRUE  FALSE  FALSE
ne    TRUE   FALSE  FALSE  FALSE
se    FALSE  FALSE   TRUE  FALSE
jp    FALSE  FALSE  FALSE   TRUE
```

3) 경로모형 분석하기

경로계수 행렬(A)과 상관행렬(S)을 설정한 다음에는 연구자가 설정한 연구모형에 대한 경로분석을 실시하는 것으로 **metaSEM** 패키지의 **tssem2()** 함수를 이용하면 되며, 그 방법은 다음과 같다.

```
> stage2A = tssem2(stage1random, Amatrix=A, Smatrix=S, diag.constraints=TRUE)
> summary(stage2A)
```

연구자가 설정한 연구모형인 "경로모형 1"에 대한 경로분석 결과는 다음과 같다.

```
95% confidence intervals: z statistic approximation
Coefficients:
      Estimate Std.Error    lbound    ubound  z value  Pr(>|z|)
b31   0.257669  0.044510  0.170430  0.344907   5.7890 7.082e-09 ***
b32  -0.242635  0.028510 -0.298514 -0.186756  -8.5104 < 2.2e-16 ***
b41   0.052816  0.054370 -0.053748  0.159379   0.9714  0.331344
b42  -0.109576  0.035942 -0.180022 -0.039131  -3.0487  0.002299 **
b43   0.239043  0.048389  0.144201  0.333884   4.9400 7.813e-07 ***
p44   0.899100  0.039089  0.822487  0.975714  23.0013 < 2.2e-16 ***
p21  -0.312333  0.020336 -0.352191 -0.272476 -15.3587 < 2.2e-16 ***
p33   0.835681  0.030443  0.776014  0.895348  27.4509 < 2.2e-16 ***
---
Signif. codes:  0 '***' 0.001 '**' 0.01 '*' 0.05 '.' 0.1 ' ' 1

Goodness-of-fit indices:
                                            Value
Sample size                              15016.00
Chi-square of target model                   0.00
DF of target model                           0.00
p value of target model                      0.00
Number of constraints imposed on "Smatrix"   2.00
DF manually adjusted                         0.00
Chi-square of independence model           359.49
DF of independence model                     6.00
RMSEA                                        0.00
RMSEA lower 95% CI                           0.00
RMSEA upper 95% CI                           0.00
SRMR                                         0.00
TLI                                          -Inf
CFI                                          1.00
AIC                                          0.00
BIC                                          0.00
```

출력결과를 살펴보면, 적합도 검정결과를 나타내는 χ^2-통계량의 값과 자유도 값이 모두 0으로 나타났다. 이와 같은 결과가 발생한 이유는 연구모형에서 추정해야 할 모수는 경로계수(β_{31}, β_{32}, β_{41}, β_{42}, β_{43})의 수, 외생변수(X_1, X_2) 간의 상관계수(ρ_{21})의 수, 오차 외생변수의 분산(ψ_3^2, ψ_4^2)의 수의 합(8)과 이들 미지(unknown)의 모수를 추정하기 위해서 연구자가 가지고 있는 정보인 측정된 명시변수(manifest variable)(X_1, X_2, X_3, X_4) 간의 상관계수(r_{21}, r_{31}, r_{32}, r_{41}, r_{42}, r_{43})의 수(6)와 측정된 내생변수의 분산의 수(2)의 합이 모두 8로 같기 때문에 발생한다. 이와 같이 연구모형에서 추정해야 할 모수의 수와 이를 추정하기 위해서 사용되는 정보의 수가 같은 모형을 포화모형(saturated model)이라고 부른다. 이 경우 모수의 추정은 이루어지지만 연구모형의 적합도 검정은 시행할 수가 없다.

포화모형에서 연구모형의 적합도 검정은 시행할 수 없어도, 추정된 모수에 대한 개별적인 유의성 검정은 가능하다. 경로계수 β_{41}을 추정한 값은 0.0528이고 유의확률은 0.3313이다. 따라서 귀무가설($H_0 : \beta_{41} = 0$)을 채택한다. 이러한 결과를 토대로 "경로모형 1"은 적합한 모형이 아닌 것을 알 수 있다. 따라서 경로계수 β_{41}을 제거한 "경로모형 2"를 대안적인 연구모형으로 설정하는 것이 바람직하다.

메타분석적 경로모형 분석 2단계에서 출력결과의 마지막 부분을 보면 다음과 같은 경고 메시지가 나타나는 경우가 있다. "경로모형 1"에서는 첫 번째 경고 메시지가 나타났다.

```
Warning messages:
1: In vcov.wls(object, R = R) :
  Parametric bootstrap with 50 replications was used to approximate the
sampling covariance matrix of the parameter estimates. A better
approach is to use likelihood-based confidence interval by including
the intervals.type="LB" argument in the analysis.

2: In print.summary.wls(x) :
  OpenMx status1 is neither 0 or 1. You are advised to 'rerun' it again.
```

첫 번째 경고 메시지에 대한 대처 방법은 **tssem2()** 함수에서 "intervals.type="LB"" 인수를 추가하면 되고, 두 번째 경고 메시지에 대한 대처 방법은 **tssem2()** 함수의 출력결과를 **rerun()** 함수를 이용하여 한 번 더 실행하면 된다.

```
> stage2A = tssem2(stage1random, Amatrix=A, Smatrix=S,
                diag.constraints=TRUE, intervals.type="LB")
> summary(stage2A)
> stage2A = rerun(stage2A)
> summary(stage2A)
```

"경로모형 1"을 수정한 연구모형인 "경로모형 2"를 검정하기 위한 행렬 A를 A2라는 오브젝트로 재설정하고 분석하는 방법과 그 출력결과는 다음과 같다.

```
############ Path Mode 2 ###############################
A2 = create.mxMatrix(
  c( 0,0,0,0,
     0,0,0,0,
     "0.1*b31","0.1*b32",0,0,
     0,"0.1*b42","0.1*b43",0),
  type = "Full", nrow = 4, ncol = 4, byrow = TRUE, name = "A")
```

경로계수에서 "경로모형 1"과 비교할 때 "0.1*b41" 대신 0으로 설정된 것을 알 수 있다. 이는 "경로모형 2"에서 경로계수 β_{41}의 값이 0이기 때문이다. 경로계수 행렬 A2의 일부를 출력하면 다음과 같다.

```
> A2
FullMatrix 'A'

$labels
     [,1]  [,2]  [,3]  [,4]
[1,] NA    NA    NA    NA
[2,] NA    NA    NA    NA
[3,] "b31" "b32" NA    NA
[4,] NA    "b42" "b43" NA

$values
     [,1] [,2] [,3] [,4]
[1,] 0.0  0.0  0.0   0
[2,] 0.0  0.0  0.0   0
[3,] 0.1  0.1  0.0   0
[4,] 0.0  0.1  0.1   0
(생략)
```

연구자가 설정한 연구모형인 "경로모형 2"에 대한 경로분석을 실시하는 방법과 그 출력결과는 다음과 같다.

```
> stage2A2 = tssem2(stage1random, Amatrix=A2, Smatrix=S,
                diag.constraints=TRUE, intervals.type="LB")
> summary(stage2A2)
```

```
95% confidence intervals: Likelihood-based statistic
Coefficients:
     Estimate Std.Error     lbound     ubound z value Pr(>|z|)
b31  0.291512        NA  0.206965   0.374652      NA       NA
b32 -0.219756        NA -0.312147  -0.126430      NA       NA
b42 -0.125416        NA -0.195577  -0.050639      NA       NA
b43  0.283897        NA  0.197775   0.370590      NA       NA
p44  0.881367        NA  0.833430   0.918585      NA       NA
p21 -0.320719        NA -0.386885  -0.254394      NA       NA
p33  0.825637        NA  0.762473   0.878645      NA       NA


Goodness-of-fit indices:
                                                     Value
Sample size                                     15016.0000
Chi-square of target model                          2.7916
DF of target model                                  1.0000
p value of target model                             0.0948
Number of constraints imposed on "Smatrix"          2.0000
DF manually adjusted                                0.0000
Chi-square of independence model                  359.4916
DF of independence model                            6.0000
RMSEA                                               0.0109
RMSEA lower 95% CI                                  0.0000
RMSEA upper 95% CI                                  0.0271
SRMR                                                0.0210
TLI                                                 0.9696
CFI                                                 0.9949
AIC                                                 0.7916
BIC                                                -6.8252
```

출력결과를 살펴보면, 연구모형의 적합도 검정통계량의 값은 $\chi^2_{(df=1)} = 2.7916$이고, 유의확률(p-value)의 값은 0.0948로 일반적인 유의수준 0.05보다 큰 것으로 나타났으며, RMSEA 값은 0.0109로 권장되는 값 0.05보다 작게 나타났고, CFI 값은 0.9949로 적합성 기준인 0.9보다 크게 나타났기 때문에 적합성 기준을 충족하고 있는 것으로 판단된다. 자유도는 일반적으로 상관행렬로부터 주어진 정보의 수와 경로모형에서 추정해야할 미지 모수의 차로 구해진다. "경로모형 2"에서는 자유도(df) 값이 1로 나타난 이유는 상관행렬에서 제공되는 관측된 상관계수의 수(6)와 측정된 내생변수의 분산의 수(2)의 합인 8과 연구모형에서 추정하여야 할 모수의 수(경로계수의 수=4, 측정된 외생변수 간의 상관계수=1, 오차 외생변수의 분산의 수=2)의 합인 7의 차(8-7=1)이다. 인수로 intervals.type="LB"를 사용하지 않을 경우에는 추정된 경로계수에 대한 유의확률이 보고되지만 우도(likelihood) 기반 통계량으로 경로계수에 대한 신뢰구간을 구할 경우에는 경로계수의 추정 값에 대한 유의확률이 보고되지 않는다. 하지만, 경로계수에 대한 신뢰구간(lbound, ubound)이 0을 포함하고 있는 경우에는 경로계수의 유의성이 입증되지 않는 것으로 판단하면 된다. 위의 출력결과에서는 모든 경로계수(β_{31}, β_{32}, β_{42}, β_{43})와 외생변수(X_1, X_2) 간의 상관계수(ρ_{21})의 신뢰구간이 0을 포함하고 있지 않기 때문에 유의수준 0.05에서 통계적 유의성이 있는 것으로 볼 수 있다. 결론적으로 본 예제에서는 "경로모형 2"를 적합한 모형으로 판단할 수 있는 것으로 나타났다.

"경로모형 2"에 대한 분석결과를 정리하면 다음과 같다.

모수의 종류	모수	추정 값	신뢰 하한	신뢰 상한
경로계수	β_{31}	0.2915	0.2070	0.3747
	β_{32}	−0.2198	−0.3121	−0.1264
	β_{42}	−0.1254	−0.1956	−0.0506
	β_{43}	0.2839	0.1978	0.3706
오차 분산	ψ_3^2	0.8256	0.7625	0.8786
	ψ_4^2	0.8814	0.8334	0.9186
외생변수 공분산	ρ_{12}	−0.3207	−0.3869	−0.2544

"경로모형 2"에 대한 분석결과를 토대로 추정된 경로계수와 측정된 외생변수 간의 상관계수를 포함한 경로모형을 그리면 [그림 4-5]와 같다.

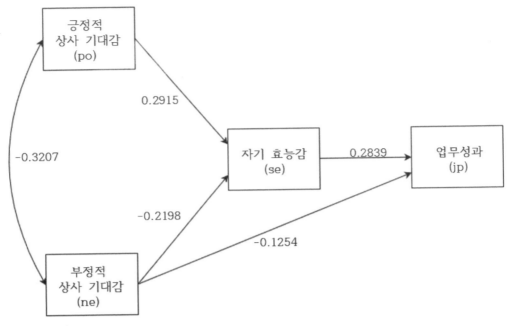

[그림 4-5] 경로모형 2 분석결과

4) 간접효과의 유의성 검정

"경로모형 2"에 대한 분석결과 긍정적 상사 기대감(po)이 업무성과(jp)에 영향을 미치는 과정은 자기효능감(se)에 의해서 완전히 매개(fully mediated)되고 있으며, 부정적 상사 기대감(ne)이 업무성과(jp)에 영향을 미치는 과정은 자기효능감(se)에 의해서 부분적으로 매개(partially mediated)되고 있음을 확인하였다. 긍정적 상사 기대감과 부정적 상사 기대감이 업무성과에 미치는 간접효과를 추정하고, 그에 대한 유의성 검정을 할 필요가 있다. 간접효과의 유의성을 검정하는 방법과 출력결과는 다음과 같다.

```
> # Path Model 2 with indirect effects
> stage2A2 = tssem2(stage1random, Amatrix=A2, Smatrix=S,
            diag.constraints=TRUE, intervals.type="LB",
            mx.algebras=list(
                IDEpotojp=mxAlgebra(b31*b43,name="IDEpotojp"),
                IDEnetojp=mxAlgebra(b32*b43,name="IDEnetojp")))
> summary(stage2A2)
```

```
mxAlgebras objects (and their 95% likelihood-based CIs):
                 lbound     Estimate     ubound
IDEpotojp[1,1]  0.05125241  0.08275943  0.11715400
IDEnetojp[1,1] -0.10121480 -0.06238807 -0.03306618
```

"경로모형 2"의 간접효과에 대한 출력결과를 살펴보면 긍정적 상사 기대감(po)이 업무성과(jp)에 미치는 간접효과에 대한 유의성 검정($H_0 : \beta_{31}\beta_{43} = 0$) 결과 간접효과의 추정 값은 0.0828로 나타났고, 95% 신뢰구간의 하한과 상한에는 0이 포함되지 않기 때문에 유의수준 0.05에서 귀무가설은 기각된다. 부정적 상사 기대감(ne)이 업무성과(jp)에 미치는 간접효과에 대한 유의성 검정($H_0 : \beta_{32}\beta_{43} = 0$) 결과 간접효과의 추정 값은 -0.0624로 나타났고, 95% 신뢰구간의 하한과 상한에는 0이 포함되지 않기 때문에 유의수준 0.05에서 귀무가설은 기각된다.

긍정적 상사 기대감과 부정적 상사 기대감이 업무성과에 미치는 직접효과(direct effect), 간접효과(indirect effect), 총효과(total effect)를 정리하면 다음과 같다.

독립변수	매개변수	종속변수	직접효과	간접효과	총효과
긍정적 상사 기대감	자기효능감	업무성과	0	0.0828	0.0828
부정적 상사 기대감	자기효능감	업무성과	−0.1254	−0.0624	−0.1878

5) 연습문제: 완전매개모형

직장인의 업무성과 관련 예제 데이터(rd2)의 일부를 이용하여 [그림 4-6]의 "경로모형 3"에 대한 메타분석적 경로분석을 실습하기로 하자.

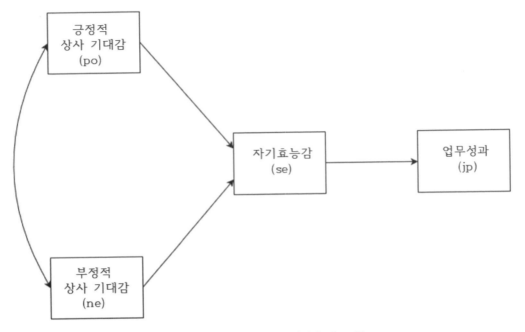

[그림 4-6] 경로모형 3: 완전매개 경로모형

[연습문제 1] 다음의 단계로 완전매개 경로모형을 분석하시오.
1. 평균 임금수준(wage)이 3 이상이고 7 이하인 집단을 대상으로 한 연구를 선정하시오.
2. 메타분석적 경로분석을 위한 개별연구의 상관행렬을 구하시오.
3. 상관행렬의 동질성 검정을 시행하시오.
4. 상관행렬을 추정하시오.
5. 완전매개 경로모형(경로모형 3)을 검정하시오.
6. 독립변수가 종속변수에 미치는 간접효과의 유의성을 검정하시오.

1. 평균 임금수준(wage)이 3 이상이고 7 이하인 집단을 대상으로 한 연구를 선정하시오.

● R-언어

```
> ex1d = subset(rd2, wage >= 3 & wage <= 7)
> head(ex1d)
> nrow(ex1d)
```

데이터프레임 rd2에서 임금수준이 3 이상이고 7 이하인 개별연구 데이터만을 추출하기 위해서는 **subset()** 함수와 조건식 "wage >= 3 & wage <= 7"을 사용하면 된다. 새로 만든 데이터프레임 ex1d의 처음 몇 개의 데이터를 확인하기 위해서는 **head()** 함수를 사용하고, 조건을 만족하는 개별연구의 수를 알기 위해서는 **nrow()** 함수를 사용하면 된다.

● 출력결과

```
> head(ex1d)
   study    n po_ne po_se po_jp ne_se ne_jp se_jp jobyear wage
5      5  214    NA  0.41    NA    NA    NA    NA       s    4
8      8  231 -0.32  0.21    NA -0.19    NA    NA       f    3
9      9  531    NA  0.59  0.33    NA    NA  0.27       s    3
10    10  567    NA  0.53  0.11    NA    NA  0.07       s    3
12    12  928    NA  0.38  0.04    NA    NA    NA       s    7
15    15   78 -0.21  0.19  0.21 -0.45 -0.36  0.41       f    6
> nrow(ex1d)
[1] 21
```

출력결과를 살펴보면 평균 임금수준(wage)이 3 이상 7 이하인 개별연구의 수는 21편인 것을 알 수 있다.

2. 메타분석적 경로분석을 위한 개별연구의 상관행렬을 구하시오.

● R-언어

```
> cormat = list()
> cormat = pcor4(3,8,ex1d)
> cormat
```

개별연구의 상관계수를 토대로 메타분석적 경로분석을 위한 상관행렬을 작성하는 방법을 앞에서 설명하였으며, 그 방법을 사용자 함수인 **pcor4()** 함수로 저장하였다. 3은 상관계수가 시작되는 열 번호이고, 8은 마지막 상관계수가 저장되어 있는 열 번호이다. 데이터프레임 cormat의 study 1과 study 21의 상관행렬은 다음과 같다.

● 출력결과

```
[[1]]
     po  ne   se jp
po 1.00 NA 0.41 NA
ne   NA NA   NA NA
se 0.41 NA 1.00 NA
jp   NA NA   NA NA

(중략)

[[21]]
      po    ne se    jp
po  1.00 -0.39 NA  0.19
ne -0.39  1.00 NA -0.05
se   NA    NA NA    NA
jp  0.19 -0.05 NA  1.00
```

출력결과를 살펴보면 개별연구 21편에 대한 상관행렬이 데이터프레임 cormat에 저장되어 있는 것을 알 수 있다.

3. 상관행렬의 동질성 검정을 시행하시오.

● **R-언어**

```
> stage1fixed = tssem1(Cov=cormat, n=ex1d$n, method="FEM")
> summary(stage1fixed)
```

메타분석적 경로분석을 위한 1단계 상관행렬을 구하는 방법은 **tssem1()** 함수를 이용하면 된다.

● **출력결과**

```
Coefficients:
        Estimate Std.Error z value  Pr(>|z|)
S[1,2] -0.364334  0.014648 -24.872 < 2.2e-16 ***
S[1,3]  0.347477  0.012847  27.048 < 2.2e-16 ***
S[1,4]  0.149423  0.011599  12.882 < 2.2e-16 ***
S[2,3] -0.325284  0.017941 -18.130 < 2.2e-16 ***
S[2,4] -0.201057  0.015712 -12.796 < 2.2e-16 ***
S[3,4]  0.255145  0.017055  14.960 < 2.2e-16 ***
---
Signif. codes:  0 '***' 0.001 '**' 0.01 '*' 0.05 '.' 0.1 ' ' 1
```

```
Goodness-of-fit indices:
                                         Value
Sample size                          10389.0000
Chi-square of target model             417.5261
DF of target model                      48.0000
p value of target model                  0.0000
Chi-square of independence model      2008.5208
DF of independence model                54.0000
RMSEA                                    0.1248
RMSEA lower 95% CI                       0.1140
RMSEA upper 95% CI                       0.1360
SRMR                                     0.1114
TLI                                      0.7873
CFI                                      0.8109
AIC                                    321.5261
BIC                                    -26.4020
```

출력결과를 살펴보면 $\chi^2_{(df=48)} = 417.53$이고, 유의확률은 $p < .0001$이며, RMSEA 값은 0.1248로 모두 고정효과모형이 적합하지 않다는 것을 나타내고 있다. 이는 21편의 개별연구로부터 구한 상관행렬은 동질적이지 않다는 것을 의미하며, 상관행렬을 추정할 경우 확률효과모형으로 추정하여야 한다는 것을 의미한다.

4. 상관행렬을 추정하시오.

● R-언어

```
> stage1random = tssem1(Cov=cormat, n=ex1d$n, method="REM", RE.type="Diag")
> summary(stage1random)
```

연구-간 효과크기(상관계수)의 분산(τ^2)은 6가지의 상관계수별 개별연구 고유의 효과크기의 분산을 나타낸다. 일반적으로 이러한 효과크기의 분산에 관심이 있으며, 공분산은 관심의 대상이 아닌 경우가 많다. **tssem1()** 함수에서 RE.type="Diag" 옵션은 연구-간 효과크기의 분산(study level variance) 만을 추정하라는 명령이다. 21개의 개별연구로부터 구한 상관행렬을 이용하여 메타분석을 실시하여 추정한 상관행렬은 다음과 같다.

● **출력결과**

```
95% confidence intervals: z statistic approximation
Coefficients:
             Estimate   Std.Error     lbound      ubound   z value  Pr(>|z|)
Intercept1 -3.1651e-01  4.0302e-02 -3.9551e-01 -2.3752e-01 -7.8536 3.997e-15 ***
Intercept2  3.1459e-01  5.2621e-02  2.1146e-01  4.1773e-01  5.9784 2.253e-09 ***
Intercept3  1.5871e-01  2.4987e-02  1.0974e-01  2.0768e-01  6.3517 2.130e-10 ***
Intercept4 -2.7993e-01  4.0161e-02 -3.5865e-01 -2.0122e-01 -6.9702 3.165e-12 ***
Intercept5 -2.0133e-01  4.2737e-02 -2.8509e-01 -1.1757e-01 -4.7110 2.465e-06 ***
Intercept6  2.8552e-01  5.8412e-02  1.7103e-01  4.0000e-01  4.8880 1.019e-06 ***
Tau2_1_1    1.0039e-02  6.6168e-03 -2.9297e-03  2.3008e-02  1.5172   0.12922
Tau2_2_2    2.3861e-02  1.2139e-02  6.8604e-05  4.7653e-02  1.9656   0.04934 *
Tau2_3_3    5.4826e-03  3.0409e-03 -4.7754e-04  1.1443e-02  1.8029   0.07140 .
Tau2_4_4    4.9901e-03  4.9890e-03 -4.7881e-03  1.4768e-02  1.0002   0.31720
Tau2_5_5    1.2208e-02  7.7984e-03 -3.0764e-03  2.7493e-02  1.5655   0.11747
Tau2_6_6    1.9474e-02  1.2184e-02 -4.4058e-03  4.3354e-02  1.5984   0.10996
```

출력결과를 토대로 확률효과모형으로 상관행렬(대각행렬 위 삼각형)과 상관계수에 대한 연구-간 분산(study level variance)(대각행렬 아래 삼각형)을 추정한 결과를 정리하면 다음과 같다.

	po	ne	se	jp
po	–	−0.3165	0.3146	0.1587
ne	0.0100	–	−0.2799	−0.2013
se	0.0239	0.0055	–	0.2855
jp	0.0050	0.0122	0.0195	–

경로모형을 분석하기 위해서는 경로계수 행렬 A(matrix A)와 분산-공분산 행렬 S(matrix S)를 먼저 설정하여야 하며, 그 방법은 다음과 같다.

● R-언어: 경로계수 행렬과 분산-공분산 행렬 구하기

```
> A3 = create.mxMatrix(
  c( 0, 0, 0, 0,
     0, 0, 0, 0,
     "0.1*b31", "0.1*b32", 0, 0,
     0, 0, "0.1*b43", 0),
  type = "Full", nrow = 4, ncol = 4, byrow = TRUE, name = "A")
> A3
> #
> S = create.mxMatrix(
  c(1,
    "0.1*p21", 1,
    0, 0, "1*p33",
    0, 0, 0, "1*p44"),
  type="Symm", byrow = TRUE, name="S",
  dimnames = list(varnames4, varnames4))
> S
```

● 출력결과: 경로계수 행렬과 분산-공분산 행렬 구하기

경로계수 행렬 A의 일부는 다음과 같다.

```
> A3
FullMatrix 'A'

$labels
     [,1]    [,2]  [,3]  [,4]
[1,] NA      NA    NA    NA
[2,] NA      NA    NA    NA
[3,] "b31"  "b32"  NA    NA
[4,] NA      NA   "b43"  NA

$values
     [,1] [,2] [,3] [,4]
[1,]  0.0  0.0  0.0    0
[2,]  0.0  0.0  0.0    0
[3,]  0.1  0.1  0.0    0
[4,]  0.0  0.0  0.1    0
(생략)
```

분산-공분산 행렬 S의 일부는 다음과 같다.

```
> S
SymmMatrix 'S'

$labels
      po    ne    se    jp
po    NA   "p21"  NA    NA
ne   "p21"  NA    NA    NA
se    NA    NA   "p33"  NA
jp    NA    NA    NA   "p44"

$values
    po  ne  se jp
po 1.0 0.1  0  0
ne 0.1 1.0  0  0
se 0.0 0.0  1  0
jp 0.0 0.0  0  1
(생략)
```

경로계수 행렬(matrix A)과 분산-공분산 행렬(matrix S)을 설정한 다음에는 확률효과모형으로 추정한 상관행렬을 이용하여 경로분석을 실시하며, 그 방법은 다음과 같다.

● R-언어: 경로분석

```
> stage2A3 <- tssem2(stage1random, Amatrix=A3, Smatrix=S,
                diag.constraints=TRUE, intervals.type="LB")
> summary(stage2A3)
```

● 출력결과: 경로분석

2단계 경로분석 결과는 다음과 같다.

```
95% confidence intervals: Likelihood-based statistic
Coefficients:
     Estimate Std.Error  lbound   ubound z value Pr(>|z|)
b31  0.28712       NA  0.19025  0.38613     NA      NA
b32 -0.21775       NA -0.30513 -0.12735     NA      NA
b43  0.37924       NA  0.29190  0.47008     NA      NA
p44  0.85617       NA  0.77902  0.91479     NA      NA
p21 -0.31535       NA -0.39434 -0.23636     NA      NA
p33  0.83072       NA  0.76436  0.88398     NA      NA

Goodness-of-fit indices:
                                           Value
Sample size                           10389.0000
Chi-square of target model                8.4960
DF of target model                        2.0000
p value of target model                   0.0143
Number of constraints imposed on "Smatrix" 2.0000
DF manually adjusted                      0.0000
Chi-square of independence model        219.3391
DF of independence model                  6.0000
RMSEA                                     0.0177
RMSEA lower 95% CI                        0.0067
RMSEA upper 95% CI                        0.0307
SRMR                                      0.0562
TLI                                       0.9087
CFI                                       0.9696
AIC                                       4.4960
BIC                                     -10.0010
```

출력결과를 살펴보면 $\chi^2_{(df=2)} = 8.496$, $p = 0.0143$으로 나타나 적합도 기준을 충족하지 못하지만, RMSEA 값(0.0177)과 CFI 값(0.9696)의 경우 적합도 충족 기준에 해당되는 것으로 나타났다.

추정된 경로계수와 외생변수의 상관계수를 그림으로 나타내면 다음과 같다.

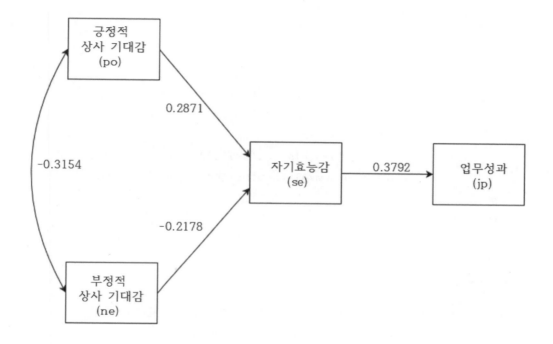

6. 독립변수가 종속변수에 미치는 간접효과의 유의성을 검정하시오.

연구모형에서 긍정적 상사 기대감(po)과 부정적 상사 기대감(ne)은 자기효능감(se)을 매개로 하여 업무성과(jp)에 간접적으로 영향을 미치고 있는 것을 확인하였다. 간접효과의 크기와 유의성을 검정하는 방법은 다음과 같다.

● **R-언어**

```
> stage2.ide <- tssem2(stage1random, Amatrix=A3, Smatrix=S,
            diag.constraints=TRUE, intervals.type="LB",
            mx.algebras=list(
                IDEpotojp=mxAlgebra(b31*b43,name="IDEpotojp"),
                IDEnetojp=mxAlgebra(b32*b43,name="IDEnetojp")))
> #
> summary(stage2.ide)
```

● **출력결과**

```
mxAlgebras objects (and their 95% likelihood-based CIs):
                 lbound     Estimate      ubound
IDEpotojp[1,1]  0.07140932  0.10888835  0.14875304
IDEnetojp[1,1] -0.12562017 -0.08257962 -0.04521479
```

출력결과를 살펴보면 긍정적 상사 기대감(po)이 업무성과(jp)에 미치는 간접효과는 0.1088로 추정되었고, 부정적 상사 기대감(ne)이 업무성과(jp)에 미치는 간접효과의 크기는 −0.0826으로 추정되었다. 간접효과에 대한 95% 신뢰구간 모두 0을 포함하고 있지 않기 때문에 자기효능감(se)의 매개효과는 통계적으로 유의미한 것을 확인 할 수 있다.

3.4 부분집단 분석

메타분석적 경로분석(meta-analytic path analysis)은 상관계수 행렬을 구하는 단계와 경로분석을 실시하는 단계로 구성된다. 상관계수 행렬을 구하는 단계는 개별연구의 상관계수에 대한 동질성 여부에 따라서 고정효과모형과 확률효과모형으로 추정할 수가 있다.

연구자가 설정한 경로모형이 집단의 수준에 따라서 다르다고 판단될 경우 경로모형에 대한 부분집단 분석을 실시할 수 있다. 예를 들어, 긍정적 상사 기대감과 부정적 상사 기대감이 자기효능감을 매개변수로 업무성과에 영향을 미치는 것으로 설정한 "경로모형 2"가 직장인의 평균 경력(신입수준/경력수준) 수준에 따라서 다르다는 연구가설을 설정할 수 있으며, 이를 검증하는 방법이 부분집단 분석이다.

1) 부분집단 분석을 위한 상관행렬 구하기

부분집단 분석을 위해서는 우선 상관행렬을 고정효과모형과 확률효과모형 중 어떤 모형으로 추정해야할지를 결정하여야 한다. 이를 위해서는 고정효과모형으로 상관행렬에 대한 동질성 검정을 실시하여야 하며, 그 방법과 출력결과는 다음과 같다.

```
> cormat = list()
> cormat = pcor4(3,8,rd2)
> cormat
> stage1fixed_jobyear = tssem1(Cov=cormat, n=rd2$n, method="FEM",
                               cluster=rd2$jobyear)
> summary(stage1fixed_jobyear)
```

$f

(중략)

Goodness-of-fit indices:
```
                                         Value
Sample size                          7326.0000
Chi-square of target model            200.8351
DF of target model                     36.0000
p value of target model                 0.0000
Chi-square of independence model     1130.2856
DF of independence model               42.0000
RMSEA                                   0.1090
RMSEA lower 95% CI                      0.0947
RMSEA upper 95% CI                      0.1241
SRMR                                    0.0947
TLI                                     0.8233
CFI                                     0.8485
```

(중략)
$s

Goodness-of-fit indices:
```
                                         Value
Sample size                          7690.0000
Chi-square of target model            269.2447
DF of target model                     36.0000
p value of target model                 0.0000
Chi-square of independence model     1481.1422
DF of independence model               42.0000
RMSEA                                   0.1197
RMSEA lower 95% CI                      0.1066
RMSEA upper 95% CI                      0.1334
SRMR                                    0.0947
TLI                                     0.8109
CFI                                     0.8379
```

평균 경력수준이 "f"인 개별연구를 토대로 상관행렬의 적합성 검정 결과를 살펴보면 $\chi^2_{(df=36)} = 200.84$이고, 유의확률은 $p < .0001$로 나타났으며, RMSEA 값(0.109)과 CFI 값(0.8454) 또한 적합성 기준을 충족하지 못하는 것으로 나타났다. 이는 경력수준이 "f"인 집단의 경우 상관행렬의 동질성을 가정하고 있는 고정효과모형은 적합하지 않다는 것을 의미한다. 평균 경력수준이 "s"인 개별연구를 토대로 상관행렬의 적합성 검정 결과를 살펴보면 $\chi^2_{(df=36)} = 269.24$이고, 유의확률은 $p < .0001$로 나타났으며, RMSEA 값(0.1197)과 CFI 값(0.8379) 또한 적합성을 충족하지 못하는 것으로 나타났다. 이는 경력수준이 "s"인 집단의 경우 상관행렬의 동질성을 가정하고 있는 고정효과모형은 적합하지 않다는 것을 의미한다. 따라서 평균 경력수준에 따라서 개별적인 경로분석을 시행하기 위해서는 확률효과모형으로 상관행렬을 추정하여 분석하여야 한다.

2) 부분집단 분석하기

연구모형에 대한 부분집단 분석을 실시하기 위해서는 평균 경력수준별로 개별적인 상관행렬을 추정한 후 경로분석을 실시하여야 한다. 평균 경력수준이 "f"인 경우의 상관행렬을 구하기 위해서는 수집된 개별연구 자료 중 평균 경력수준이 "f"인 경우에 해당되는 개별연구를 선택하여 확률효과모형으로 상관행렬을 추정한 후 "경로모형 2"에 대한 경로분석을 실시하면 되며, 그 방법과 출력결과는 다음과 같다.

```
> ################################################
> # subgroup analysis with the first year
> ################################################
> cormat_f = cormat[rd2$jobyear %in% "f"]
> n_f = rd2$n[rd2$jobyear %in% "f"]
> stage1random_f = tssem1(Cov=cormat_f, n=n_f, method = "REM",
                          RE.type = "Diag")

> stage2_f = tssem2(stage1random_f, Amatrix=A2, Smatrix=S,
                    diag.constraints=TRUE, intervals.type="LB")
> summary(stage2_f)
```

```
95% confidence intervals: Likelihood-based statistic
Coefficients:
     Estimate Std.Error    lbound     ubound z value Pr(>|z|)
b31  0.287671       NA   0.175270   0.400542      NA       NA
b32 -0.224279       NA  -0.368876  -0.079546      NA       NA
b42 -0.078100       NA  -0.187617   0.049365      NA       NA
b43  0.420070       NA   0.308696   0.537396      NA       NA
p44  0.796913       NA   0.705995   0.866338      NA       NA
p21 -0.307959       NA  -0.406615  -0.208992      NA       NA
p33  0.827206       NA   0.722672   0.905966      NA       NA


Goodness-of-fit indices:
                                                  Value
Sample size                                    7326.0000
Chi-square of target model                        2.0866
DF of target model                                1.0000
p value of target model                           0.1486
Number of constraints imposed on "Smatrix"        2.0000
DF manually adjusted                              0.0000
Chi-square of independence model                206.3031
DF of independence model                          6.0000
RMSEA                                             0.0122
RMSEA lower 95% CI                                0.0000
RMSEA upper 95% CI                                0.0361
SRMR                                              0.0318
TLI                                               0.9675
CFI                                               0.9946
AIC                                               0.0866
BIC                                              -6.8126
```

적합성 검정 결과를 살펴보면 $\chi^2_{(df=1)} = 2.09$이고, 유의확률은 $p = .1486$으로 나타났다. 또한 RMSEA 값은 0.0122로 적합성 기준을 충족하는 것으로 나타났으며, CFI 값 또한 0.9946으로 적합성 기준이 0.9보다 크게 나타났다. 이는 경력수준이 "f"인 집단에 대하여 연구자가 설정한 경로모형이 적합하다는 것을 의미한다. 하지만 경로계수 β_{42}의 유의성 결과를 살펴보면 95% 신뢰구간이 (−0.1876, 0.0494)로 0을 포함하고 있다. 이는 경로계수가 0이라는 귀무가설을 채택한다는 의미이다. 따라서 부정적 상사 기대감(ne)이 업무성과(jp)에 미치는 직접적인 경로를 제거한 "경로모형 3"으로 분석하는 것이 타당하다.

경력수준이 "f"인 집단에 대한 "경로모형 3"에 대한 분석을 실시하는 방법과 출력결과는 다음과 같다.

```
> A3 <- create.mxMatrix(
  c( 0,0,0,0,
     0,0,0,0,
     "0.1*b31","0.1*b32",0,0,
     0,0,"0.1*b43",0),
  type = "Full", nrow = 4, ncol = 4, byrow = TRUE, name = "A")
>
> A3
>
> stage2_f <- tssem2(stage1random_f, Amatrix=A3, Smatrix=S,
                diag.constraints=TRUE, intervals.type="LB")
>
> summary(stage2_f)
```

```
95% confidence intervals: Likelihood-based statistic
Coefficients:
     Estimate Std.Error   lbound    ubound z value Pr(>|z|)
b31  0.28558        NA   0.18119   0.39247      NA       NA
b32 -0.27525        NA  -0.39558  -0.15283      NA       NA
b43  0.46920        NA   0.38486   0.55752      NA       NA
p44  0.77985        NA   0.68917   0.85188      NA       NA
p21 -0.30029        NA  -0.39885  -0.20173      NA       NA
p33  0.79547        NA   0.70074   0.86787      NA       NA


Goodness-of-fit indices:
                                                 Value
Sample size                                 7326.0000
Chi-square of target model                     3.6355
DF of target model                             2.0000
p value of target model                        0.1624
Number of constraints imposed on "Smatrix"     2.0000
DF manually adjusted                           0.0000
Chi-square of independence model             206.3031
DF of independence model                       6.0000
RMSEA                                          0.0106
RMSEA lower 95% CI                             0.0000
RMSEA upper 95% CI                             0.0277
SRMR                                           0.0433
TLI                                            0.9755
CFI                                            0.9918
AIC                                           -0.3645
BIC                                          -14.1629
```

적합성 검정 결과를 살펴보면 $\chi^2_{(df=2)} = 3.6355$이고, 유의확률은 $p = 0.1624$로 유의수준 0.05보다 크게 나타났고, RMSEA 값(0.0106)과 CFI 값(0.9918) 또한 적합성 기준을 충족하는 것으로 나타났다. 이는 경력수준이 "f"인 집단에 대하여 연구자가 설정한 "경로모형 3"이 적합하다는 것을 의미한다. 경로계수를 비롯한 추정된 모수에 대한 95% 신뢰구간은 0을 포함하고 있지 않기 때문에 "경로모형 3"은 타당한 모형인 것으로 나타났다.

평균 경력수준이 "s"인 경우의 상관행렬을 구하기 위해서는 수집된 개별연구 자료 중 평균 경력수준이 "s"인 경우에 해당되는 개별연구를 선택한 후, 확률효과모형으로 상관 행렬을 추정하고, 경로분석을 실시하면 되며, 그 방법과 출력결과는 다음과 같다.

```
> ################################################
> # subgroup analysis with the second year
> ################################################
> cormat_s <- cormat[rd2$jobyear %in% "s"]
> n_s <- rd2$n[rd2$jobyear %in% "s"]
>
> stage1random_s = tssem1(Cov=cormat_s, n=n_s, method = "REM",
                          RE.type = "Diag")
>
> stage2_s = tssem2(stage1random_s, Amatrix=A2, Smatrix=S,
                    diag.constraints=TRUE, intervals.type="LB")
>
> summary(stage2_s)
```

```
95% confidence intervals: Likelihood-based statistic
Coefficients:
     Estimate Std.Error    lbound    ubound z value Pr(>|z|)
b31  0.283515        NA  0.177727  0.386978      NA       NA
b32 -0.224541        NA -0.336640 -0.113277      NA       NA
b42 -0.159725        NA -0.216454 -0.100238      NA       NA
b43  0.168546        NA  0.084341  0.250935      NA       NA
p44  0.929250        NA  0.896512  0.953897      NA       NA
p21 -0.310497        NA -0.369178 -0.251779      NA       NA
p33  0.829667        NA  0.755090  0.890598      NA       NA
```

```
Goodness-of-fit indices:
                                                Value
Sample size                                7690.0000
Chi-square of target model                    0.9867
DF of target model                            1.0000
p value of target model                       0.3205
Number of constraints imposed on "Smatrix"    2.0000
DF manually adjusted                          0.0000
Chi-square of independence model            283.0422
DF of independence model                      6.0000
RMSEA                                         0.0000
RMSEA lower 95% CI                            0.0000
RMSEA upper 95% CI                            0.0301
SRMR                                          0.0124
TLI                                           1.0003
CFI                                           1.0000
AIC                                          -1.0133
BIC                                          -7.9610
```

적합성 검정 결과를 살펴보면 $\chi^2_{(df=1)} = 0.9867$이고, 유의확률은 $p = .3205$로 나타났다. 또한 RMSEA 값(0.0)과 CFI 값(1.0) 또한 적합성 기준을 충족하는 것으로 나타났다. 이는 경력수준이 "s"인 집단에 대하여 연구자가 설정한 경로모형이 적합하다는 것을 의미한다.

평균 경력수준별로 부분집단 분석을 실시한 결과 평균 경력수준이 "f"인 집단의 경우 "경로모형 3"의 형태로 나타났으며, 평균 경력수준이 "s"인 집단의 경우 "경로모형 2"의 형태로 나타났다. 이는 평균 경력수준이 "f"인 집단의 경우 부정적 상사 기대감이 업무성과에 직접적인 영향을 미치지 않고, 자기효능감을 매개로 하여 간접적으로 영향을 미친다는 것을 의미하고, 평균 경력수준이 "s"인 집단의 경우 부정적 상사 기대감이 업무성과에 직접적인 영향을 미치고 있으며, 또한 자기효능감을 매개로 하여 간접적으로도 영향을 미친다는 것을 의미한다. 부분집단 분석 결과를 그림으로 정리하면 [그림 4-7]과 [그림 4-8]과 같다.

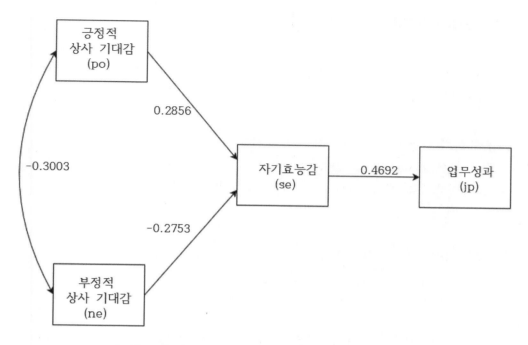

[그림 4-7] 평균 경력수준이 " f "인 집단에 대한 경로분석 결과

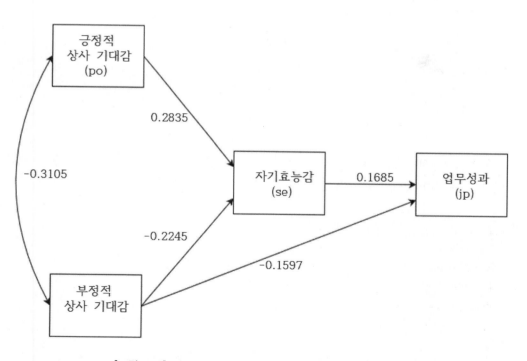

[그림 4-8] 평균 경력수준이 " s"인 집단에 대한 경로분석 결과

3) 연습문제: 부분집단 분석

직장인의 업무성과 관련 예제 데이터(rd2)를 이용하여 경로모형에 대한 부분집단 분석을 실습하기로 하자.

> **[연습문제 2]** 다음의 단계로 경로모형에 대한 부분집단 분석을 진행하시오.
> 1. 평균 임금수준(wage)이 6 이상이고 5 이하인 집단으로 구분하시오.
> 2. 임금수준별로 적합한 경로모형을 분석하고 간접효과의 유의성을 검정하시오.

1. 평균 임금수준(wage)이 6 이상이고 5 이하인 집단으로 구분하시오.

● **R-언어**

우선 개별연구 31편에 대한 상관계수가 기록되어 있는 데이터프레임 rd2를 토대로 상관행렬을 작성하는 사용자 함수 **pcor4()** 함수를 이용하여 cormat이라는 데이터프레임을 작성하였다. 그 과정을 상기하기 위한 목적으로 다시 기록하면 다음과 같다.

```
> library("metaSEM")
> cormat <- list()
> cormat = pcor4(3,8,rd2)
> cormat
```

상관행렬 cormat 데이터프레임으로부터 평균 임금수준이 6 이상인 집단과 5 이하인 집단으로 분리하여 저장하는 방법과 출력결과는 다음과 같다.

```
> # subgroup with high wage
> cormat_hi = cormat[rd2$wage>5]
> n_hi = rd2$n[rd2$wage>5]
> # subgroup with low wage
> cormat_lo = cormat[rd2$wage<=5]
> n_lo = rd2$n[rd2$wage<=5]
>
> cormat_hi
> cormat_lo
```

● 출력결과

```
> cormat_hi
[[1]]
      po ne se   jp
po 1.00 NA NA  0.16
ne   NA NA NA    NA
se   NA NA NA    NA
jp 0.16 NA NA  1.00
(중략)
[[17]]
      po    ne    se    jp
po   NA    NA  0.23  0.13
ne   NA  1.00 -0.44 -0.27
se 0.23 -0.44   NA    NA
jp 0.13 -0.27   NA  1.00


> cormat_lo
[[1]]
      po    ne    se    jp
po   NA    NA  0.37  0.39
ne   NA  1.00 -0.31 -0.41
se 0.37 -0.31   NA    NA
jp 0.39 -0.41   NA  1.00
(중략)
[[19]]
       po    ne  se    jp
po  1.00 -0.39  NA  0.19
ne -0.39  1.00  NA -0.05
se   NA    NA  NA    NA
jp  0.19 -0.05  NA  1.00
```

　　출력결과를 살펴보면 평균 임금수준(wage)이 6 이상인 개별연구의 수는 17편이고, 5 이하인 개별연구의 수는 19편인 것을 알 수 있다.

2. 임금수준별로 적합한 경로모형을 분석하고 간접효과의 유의성을 검정하시오.

평균 임금수준에 따라서 두 집단으로 분리된 개별연구의 상관계수 정보를 토대로 **tssem1()** 함수를 이용하여 집단별 상관행렬을 구할 수 있다.

● R-언어

평균 임금수준이 6 이상인 집단을 대상으로 상관행렬을 구하는 방법과 출력결과의 일부를 살펴보면 다음과 같다.

```
> stage1fixed_hi <- tssem1(Cov=cormat_hi, n=n_hi, method = "FEM")
> summary(stage1fixed_hi)
```

● 출력결과

```
Goodness-of-fit indices:
                                        Value
Sample size                          6267.0000
Chi-square of target model            146.4227
DF of target model                     33.0000
p value of target model                 0.0000
Chi-square of independence model      655.8626
DF of independence model               39.0000
RMSEA                                    0.0966
RMSEA lower 95% CI                       0.0810
RMSEA upper 95% CI                       0.1129
SRMR                                     0.0708
TLI                                      0.7827
CFI                                      0.8161
AIC                                     80.4227
BIC                                   -142.0980
```

평균 임금수준(wage)이 6 이상인 17편의 개별연구의 상관행렬의 동질성 검정 결과를 살펴보면 $\chi^2_{(df=33)} = 146.42$, $p < .0001$로 나타났고, RMSEA 값은 0.0966으로 적합성

허용 기준인 0.08보다 크게 나타났으며, CFI 값 또한 0.8161로 적합성 기준을 충족하지 못하는 것으로 나타났다. 결론적으로 평균 임금수준의 높은 집단에 대한 상관행렬의 동질성 검정 결과 귀무가설이 기각되어 상관행렬 추정 시에 이질성을 수용한 확률효과모형으로 추정하여야 한다. 확률효과모형으로 상관행렬을 추정하는 방법과 출력결과는 다음과 같다.

● R-언어

평균 임금수준이 6 이상인 집단을 대상으로 확률효과모형으로 상관행렬을 구하는 방법과 출력결과의 일부를 살펴보면 다음과 같다.

```
> stage1random_hi = tssem1(Cov=cormat_hi, n=n_hi,
                           method = "REM", RE.type = "Diag")
> summary(stage1random_hi)
> stage1random_hi = rerun(stage1random_hi)
> summary(stage1random_hi)
```

평균 임금수준이 6 이상인 집단을 대상으로 확률효과모형으로 추정한 상관행렬을 토대로 "경로모형 1"을 연구모형으로 설정하여 검정하는 방법과 출력결과의 일부는 다음과 같다.

```
> stage2_hi <- tssem2(stage1random_hi, Amatrix=A, Smatrix=S,
                      diag.constraints=TRUE, intervals.type="LB")
> summary(stage2_hi)
```

```
95% confidence intervals: Likelihood-based statistic
Coefficients:
    Estimate Std.Error    lbound    ubound z value Pr(>|z|)
b31  0.187803       NA  0.044616  0.329303      NA       NA
b32 -0.187548       NA -0.254482 -0.115953      NA       NA
b41  0.071914       NA -0.016130  0.150399      NA       NA
b42 -0.118331       NA -0.222668 -0.012312      NA       NA
b43  0.289980       NA  0.165237  0.414635      NA       NA
p44  0.866046       NA  0.785081  0.924154      NA       NA
p21 -0.264740       NA -0.365202 -0.164277      NA       NA
p33  0.910906       NA  0.841022  0.951320      NA       NA
```

경로계수 β_{41}의 95% 신뢰구간은 (-0.0161, 0.1504)로 0을 포함하고 있기 때문에 경로계수의 유의성이 입증되지 못한다. 따라서 경로계수 β_{41}을 제거한 "경로모형 2"를 검정하여야 하며, 그 방법과 출력결과의 일부는 다음과 같다.

```
> stage2_hi <- tssem2(stage1random_hi, Amatrix=A2, Smatrix=S,
                diag.constraints=TRUE, intervals.type="LB")
> summary(stage2_hi)
```

```
95% confidence intervals: Likelihood-based statistic
Coefficients:
    Estimate Std.Error    lbound    ubound z value Pr(>|z|)
b31  0.249964       NA  0.126607  0.369607      NA       NA
b32 -0.165005       NA -0.229225 -0.096325      NA       NA
b42 -0.146529       NA -0.246189 -0.044641      NA       NA
b43  0.332488       NA  0.217659  0.446806      NA       NA
p44  0.845096       NA  0.763923  0.906234      NA       NA
p21 -0.279516       NA -0.378849 -0.179585      NA       NA
p33  0.887234       NA  0.815586  0.936079      NA       NA
```

```
Goodness-of-fit indices:
                                              Value
Sample size                               6267.0000
Chi-square of target model                   2.6383
DF of target model                           1.0000
p value of target model                      0.1043
Number of constraints imposed on "Smatrix"   2.0000
DF manually adjusted                         0.0000
Chi-square of independence model           197.2149
DF of independence model                     6.0000
RMSEA                                        0.0162
RMSEA lower 95% CI                           0.0000
RMSEA upper 95% CI                           0.0413
SRMR                                         0.0318
TLI                                          0.9486
CFI                                          0.9914
AIC                                          0.6383
BIC                                         -6.1048
```

평균 출력결과를 살펴보면 임금수준이 6 이상인 집단에 대한 "경로모형 2" 분석 결과 모형의 적합성을 나타내는 모든 지표(p, RMSEA, CFI)가 모형의 적합성을 충족하는 것으로 나타났다.

평균 임금수준이 6 이상인 집단에 대한 경로모형으로 적합한 "경로모형 2"에서 긍정적 상사 인식(po)이 업무성과(jp)에 미치는 간접효과에 대한 유의성을 검정하는 방법과 출력결과는 다음과 같다.

```
> stage2.ide <- tssem2(stage1random_hi, Amatrix=A2, Smatrix=S,
                diag.constraints=TRUE,intervals.type="LB",
                mx.algebras=list(
             IDEpotojp=mxAlgebra(b31*b43,name="IDEpotojp"),
             IDEnetojp=mxAlgebra(b32*b43,name="IDEnetojp")))
> #
> summary(stage2.ide)
```

```
                lbound      Estimate      ubound
IDEpotojp[1,1]  0.03752607  0.08311012  0.13405117
IDEnetojp[1,1] -0.08828222 -0.05486214 -0.02856288
```

평균 임금수준이 5 이하인 집단을 대상으로 적절한 경로모형을 구하는 방법과 출력결과의 일부는 다음과 같다.

```
> stage1fixed_lo = tssem1(Cov=cormat_lo, n=n_lo, method = "FEM")
> summary(stage1fixed_lo)
>
> stage1random_lo = tssem1(Cov=cormat_lo, n=n_lo, method = "REM",
                        RE.type = "Diag")
> summary(stage1random_lo)
>
> stage2_lo = tssem2(stage1random_lo, Amatrix=A, Smatrix=S,
                    diag.constraints=TRUE, intervals.type="LB")
>
> summary(stage2_lo)
>
> stage2_lo = tssem2(stage1random_lo, Amatrix=A2, Smatrix=S,
                    diag.constraints=TRUE, intervals.type="LB")
>
> summary(stage2_lo)
```

```
95% confidence intervals: Likelihood-based statistic
Coefficients:
     Estimate Std.Error    lbound    ubound z value Pr(>|z|)
b31  0.289730       NA  0.182963  0.393136      NA       NA
b32 -0.253800       NA -0.366580 -0.139516      NA       NA
b42 -0.127597       NA -0.217937 -0.031149      NA       NA
b43  0.238660       NA  0.116810  0.360548      NA       NA
p44  0.904960       NA  0.846022  0.944884      NA       NA
p21 -0.359423       NA -0.437968 -0.280707      NA       NA
p33  0.798783       NA  0.720299  0.863742      NA       NA


Goodness-of-fit indices:

                                               Value
Sample size                                8749.0000
Chi-square of target model                    1.4428
DF of target model                            1.0000
p value of target model                       0.2297
Number of constraints imposed on "Smatrix"    2.0000
DF manually adjusted                          0.0000
Chi-square of independence model            268.7889
DF of independence model                      6.0000
RMSEA                                         0.0071
RMSEA lower 95% CI                            0.0000
RMSEA upper 95% CI                            0.0304
SRMR                                          0.0187
TLI                                           0.9899
CFI                                           0.9983
AIC                                          -0.5572
BIC                                          -7.6339
```

    평균 출력결과를 살펴보면 임금수준이 5 이하인 집단에 대한 "경로모형 2" 분석 결과 모형의 적합성을 나타내는 모든 지표(p, RMSEA, CFI)가 모형의 적합성을 충족하는 것으로 나타났다.

    평균 임금수준이 5 이하인 집단에 대한 경로모형으로 적합한 "경로모형 2"에서 긍정적 상사 인식(po)이 업무성과(jp)에 미치는 간접효과에 대한 유의성을 검정하는 방법과 출력결과는 다음과 같다.

```
> stage2.ide <- tssem2(stage1random_lo, Amatrix=A2, Smatrix=S,
                diag.constraints=TRUE,intervals.type="LB",
                mx.algebras=list(
                IDEpotojp=mxAlgebra(b31*b43,name="IDEpotojp"),
                IDEnetojp=mxAlgebra(b32*b43,name="IDEnetojp")))
>
> summary(stage2.ide)
```

```
IDEpotojp[1,1]  0.03024149  0.06914682  0.11410838
IDEnetojp[1,1] -0.11186610 -0.06057189 -0.02673743
```

평균 임금수준이 6 이상인 집단의 경우, 긍정적 상사 인식(po)이 자기효능감(se)을 매개로 하여 업무성과(jp)에 미치는 간접효과를 추정한 결과 0.0831이고, 부정적 상사 인식(ne)이 자기효능감(se)을 매개로 하여 업무성과(jp)에 미치는 간접효과를 추정한 결과 -0.0549로 나타났으며, 평균 임금수준이 5 이하인 집단의 경우, 긍정적 상사 인식(po)이 자기효능감(se)을 매개로 하여 업무성과(jp)에 미치는 간접효과를 추정한 결과 0.0691이고, 부정적 상사 인식(ne)이 자기효능감(se)을 매개로 하여 업무성과(jp)에 미치는 간접효과를 추정한 결과 -0.0606으로 나타났다. 평균 임금수준이 높은 집단과 낮은 집단의 간접효과의 유의성 검정 결과를 살펴보면 간접효과는 있는 것으로 나타났지만, 간접효과의 크기가 집단별로 동일한지 여부는 아직 검증하지 못한 단계이다. 가장 손쉬운 방법은 간접효과의 95% 신뢰구간이 서로 겹칠 경우에는 두 집단의 간접효과는 차이가 난다고 결론을 내리지 않으면 된다. 하지만 좀 더 통계적인 방법으로 간접효과의 차에 대한 통계적 검정을 하여야 하며, 이에 대한 내용은 이 책의 목적과 범위를 벗어나기 때문에 생략하기로 한다. 집단별 간접효과의 차에 대한 검정 방법을 자세히 알기 원하는 독자는 Jak(2015)[7]을 참조하기 바란다.

---

7) Jak, S. (2015). *Meta-Analytic Structural Equation Modeling*. Springer. p. 56.

1) 예제 데이터: 3-요인 구조방정식모형

구조방정식모형은 잠재변수에 대한 구조방정식모형과 명시변수에 대한 구조방정식모형으로 이루어진다. 구조방정식모형은 측정변수에는 측정오차가 존재한다는 것을 가정하고 있으며, 경로모형에서 측정변수는 측정오차가 없이 측정이 되었다는 것을 가정하고 있다. 경로모형은 구조방정식모형의 특수한 경우로 측정오차가 없다는 것을 가정하고 있기 때문에 명시변수만으로 구성된다. 여기서는 메타분석적 구조방정식모형(meta-analytic structural model)을 분석하는 방법을 살펴보기로 한다. 설명의 편의를 위해서 가장 간단한 형태인 3요인 구조방정식모형을 다루기로 할 것이며, 그 형태는 다음과 같다.

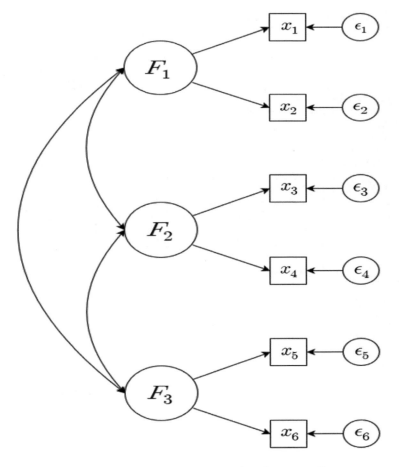

[그림 4-9] 구조방정식모형: 3-요인 6-측정변수 모형

이 책에서 다루고 있는 구조방정식모형은 3-요인 6-측정변수 모형으로 각 요인(factor)으로부터 2 개씩의 측정변수가 반영되어 측정되는 경우를 가정한 모형이다. 구조방정식모형에 대한 분석을 위해서 이 책에서 사용하고 있는 예제 데이터(exdataset3.txt)는 16편의 개별연구를 식별하기 위한 식별번호(study), 표본의 크기(n), 6개의 변수(x1, x2, x3, x4,x 5, x6) 간의 상관계수, 연구대상의 평균 교육수준(고졸이하/고졸초과)(educ)을 포함하고 있다.

예제 데이터가 컴퓨터의 "C: > Data" 폴더에 저장되어 있다고 가정하자. R-언어를 실행한 후 데이터를 읽어 들이고 출력하는 방법은 다음과 같다.

```
> library("metaSEM")
> rd3 = read.delim("C:\\Data\\exdataset3.txt")
> rd3
```

```
> rd3
   study   n x1_x2 x1_x3 x1_x4 x1_x5 x1_x6 x2_x3 x2_x4 x2_x5 x2_x6 x3_x4 x3_x5 x3_x6  x4_x5 x4_x6 x5_x6 educ
1      1  67    NA 0.615    NA 0.362 0.281 0.484 0.236 0.218 0.143 0.440 0.477 0.373  0.362 0.336    NA    1
2      2  78 0.501 0.385 0.320 0.185 0.223 0.377 0.323 0.223 0.187 0.506 0.212 0.107  0.178 0.069 0.598    2
3      3  71 0.446 0.351 0.562 0.376 0.203 0.348 0.253 0.360 0.320 0.204 0.226 0.276  0.325 0.262    NA    1
4      4 137    NA 0.640 0.680 0.392 0.278 0.533 0.257 0.230 0.174 0.442 0.496 0.348  0.383 0.323    NA    1
5      6 368 0.505 0.318 0.429 0.259 0.010 0.351 0.327 0.280 0.249 0.221 0.182 0.043  0.214 0.032 0.433    2
6      7 123 0.250 0.172 0.416 0.185 0.217 0.348 0.527 0.282 0.332 0.221 0.242 0.185  0.141 0.237 0.235    2
7      8  89 0.324 0.067 0.208 0.092 0.081 0.253 0.351 0.280 0.282 0.173 0.563 0.311  0.182 0.215 0.591    2
8      9 168 0.519 0.295 0.336 0.307 0.336 0.292 0.360 0.271 0.313 0.464 0.316 0.357  0.293 0.373    NA    1
9     10 236 0.222 0.479 0.156 0.331 0.427 0.320 0.340 0.052 0.292 0.152 0.164 0.283 -0.034 0.375 0.346    2
10    11 107 0.357 0.303 0.139 0.207 0.169 0.431 0.153 0.386 0.195 0.366 0.524 0.049  0.360 0.356 0.347    1
11    13  59 0.441 0.464 0.300 0.381 0.252 0.968 0.492 0.362 0.486 0.463 0.361 0.458  0.437    NA 0.490    1
12    14 593 0.455 0.252 0.106 0.070 0.204 0.484 0.397 0.218 0.235    NA 0.477 0.481  0.325 0.322    NA    2
13    15  78 0.508 0.304 0.005 0.159 0.333 0.542 0.429 0.284 0.290    NA    NA    NA  0.373 0.388    NA    2
14    16 231 0.250 0.385 0.301 0.290 0.185 0.253 0.236 0.414 0.282 0.409 0.322 0.212  0.367 0.299 0.342    2
15    17 321 0.668 0.236 0.484 0.228 0.143 0.703    NA 0.435 0.281 0.440 0.317 0.336  0.383 0.373 0.274    1
16    18 123    NA 0.305 0.435 0.222 0.241 0.719 0.533 0.428 0.318 0.437 0.294 0.353  0.374 0.433 0.363    1
```

2) 상관행렬 추정하기

데이터프레임 rd3을 살펴보면 6개의 변수 간의 상관계수는 3열부터 17열에 기록되어 있다. 이를 이용하여 메타분석으로 상관행렬을 추정하는 방법을 살펴보자. 우선 메타분석적 경로모형을 분석하는 방법을 설명한 앞 절에서 설명한 사용자 함수 **pcor4()**는 4개의 변수에 대한 상관행렬을 생성하는 함수이기 때문에 이를 다시 6개의 변수에 대한 상관행렬을 생성하기 위한 사용자 함수 **pcor6()** 함수로 바꾸어야 한다. 이를 위해서는 데이터프레임 rd3에 기록되어 있는 변수의 수(nvar), 변수의 명칭(varnames6), 6개 변수 간의 상관계수 저장되어 있는 시작 열(sj), 마지막 열(ej)에 대한 정보를 제공하여야 하며, 그 방법은 다음과 같다.

```
> nvar <- 6
> varnames6 <- c("x1","x2","x3","x4","x5","x6")
> labels = list(varnames6, varnames6)
> ncor = nvar*(nvar-1)/2
> sj = 3
> ej = sj+ncor-1
> ej
```

```
> cormat <- list()
#
pcor6 = function(sj,ej,data)
{
  for (i in 1:nrow(data)){
    cormat[[i]] <- vec2symMat(as.matrix(data[i,sj:ej]),diag=FALSE)
    dimnames(cormat[[i]]) <- labels
  } ;
  #
  # put NA on diagonal if variable is missing
  for (i in 1:length(cormat)){
    for (j in 1:nrow(cormat[[i]])){
      if (sum(is.na(cormat[[i]][j,]))==nvar-1)
      {cormat[[i]][j,j] <- NA}
    }} ;
  # put NA on diagonal for variable with least present correlations
  for (i in 1:length(cormat)){
    for (j in 1:nrow(cormat[[i]])){
      for (k in 1:nvar){
        if (is.na(cormat[[i]][j,k])==TRUE
           &is.na(cormat[[i]][j,j])!=TRUE
           &is.na(cormat[[i]][k,k])!=TRUE){

if(sum(is.na(cormat[[i]])[j,])>sum(is.na(cormat[[i]])[k,]))
        {cormat[[i]][k,k] = NA}

if(sum(is.na(cormat[[i]])[j,])<=sum(is.na(cormat[[i]])[k,]))
        {cormat[[i]][j,j] = NA}
      }}}} ;
  #
  cormat
}
```

출력결과를 살펴보면 ej 값은 17인 것을 확인할 수 있다. 다음 단계는 **pcor6()** 함수를
이용하여 개별연구로부터 입력된 상관계수에 대한 정보를 토대로 메타분석적 구조방정

식모형 분석을 위한 개별연구의 상관행렬을 구해야하며, 그 방법과 출력결과는 다음과 같다.

```
> cormat = pcor6(sj, ej, rd3)
> cormat
```

```
[[1]]
      x1    x2      x3      x4      x5      x6
x1    NA    NA    0.615    NA    0.362   0.281
x2    NA    NA    0.484   0.236   0.218   0.143
x3  0.615  0.484  1.000   0.440   0.477   0.373
x4    NA   0.236  0.440   1.000   0.362   0.336
x5  0.362  0.218  0.477   0.362    NA      NA
x6  0.281  0.143  0.373   0.336    NA    1.000
(중략)
[[16]]
      x1    x2      x3      x4      x5      x6
x1    NA    NA    0.305   0.435   0.222   0.241
x2    NA   1.000  0.719   0.533   0.428   0.318
x3  0.305  0.719  1.000   0.437   0.294   0.353
x4  0.435  0.533  0.437   1.000   0.374   0.433
x5  0.222  0.428  0.294   0.374   1.000   0.363
x6  0.241  0.318  0.353   0.433   0.363   1.000
```

다음 단계는 개별연구에 대한 상관행렬 cormat을 이용하여 메타분석으로 합동상관행렬(pooled correlation matrix)을 추정하는 것이며, 그 방법과 출력결과는 다음과 같다.

```
> stage1fixed <- tssem1(Cov=cormat, n=rd3$n, method="FEM")
> summary(stage1fixed)
```

```
Goodness-of-fit indices:
                                      Value
Sample size                        2849.0000
Chi-square of target model          671.5609
DF of target model                  158.0000
p value of target model               0.0000
Chi-square of independence model   2773.8901
DF of independence model            173.0000
RMSEA                                 0.1351
RMSEA lower 95% CI                    0.1250
RMSEA upper 95% CI                    0.1461
SRMR                                  0.1079
TLI                                   0.7838
CFI                                   0.8025
AIC                                 355.5609
BIC                                -585.2853
```

출력결과를 살펴보면 모든 개별연구의 상관행렬이 동질적이라는 귀무가설에 대한 검정통계량의 값은 $\chi^2_{(df=158)} = 671.56$이고, 유의확률(p-value)의 값은 0.00으로 일반적인 유의수준 0.05보다 작은 것으로 나타났으며, RMSEA 값은 0.1351이고, CFI 값은 0.8025로 모두 적합성 기준에 미달되는 것으로 나타났다. 이는 개별연구 간의 상관행렬의 동질성을 가정하고 있는 고정효과모형으로 설정된 귀무가설이 근거가 부족하다는 것을 의미한다. 따라서 고정효과모형은 기각되고 확률효과모형으로 상관행렬을 추정하는 것이 타당하다.

확률효과모형으로 상관행렬을 구하는 방법은 다음과 같다.

```
> stage1random <- tssem1(Cov=cormat, n=rd3$n, method="REM",
RE.type="Diag")
> summary(stage1random)
> stage1random=rerun(stage1random)
> summary(stage1random)
```

확률효과모형으로 상관행렬을 추정한 결과는 다음과 같다.

```
95% confidence intervals: z statistic approximation
Coefficients:
            Estimate   Std.Error     lbound      ubound z value  Pr(>|z|)
Intercept1  3.9456e-01 3.5083e-02 3.2579e-01 4.6332e-01 11.2463 < 2.2e-16 ***
Intercept2  3.1914e-01 2.9678e-02 2.6097e-01 3.7731e-01 10.7535 < 2.2e-16 ***
Intercept3  3.2044e-01 4.4702e-02 2.3283e-01 4.0805e-01  7.1684 7.587e-13 ***
Intercept4  2.5637e-01 2.6175e-02 2.0507e-01 3.0767e-01  9.7947 < 2.2e-16 ***
Intercept5  2.0717e-01 3.1173e-02 1.4607e-01 2.6827e-01  6.6457 3.018e-11 ***
Intercept6  4.2235e-01 5.0203e-02 3.2395e-01 5.2075e-01  8.4128 < 2.2e-16 ***
Intercept7  3.4493e-01 2.9740e-02 2.8664e-01 4.0322e-01 11.5981 < 2.2e-16 ***
Intercept8  2.9050e-01 4.0100e-02 2.1190e-01 3.6909e-01  7.2444 4.343e-13 ***
Intercept9  2.6807e-01 2.1802e-02 2.2534e-01 3.1080e-01 12.2960 < 2.2e-16 ***
Intercept10 3.4394e-01 3.3748e-02 2.7780e-01 4.1009e-01 10.1916 < 2.2e-16 ***
Intercept11 3.0820e-01 4.1054e-02 2.2774e-01 3.8867e-01  7.5073 6.040e-14 ***
Intercept12 2.4866e-01 3.1180e-02 1.8755e-01 3.0977e-01  7.9749 1.554e-15 ***
Intercept13 2.4534e-01 4.4996e-02 1.5715e-01 3.3353e-01  5.4524 4.968e-08 ***
Intercept14 2.8751e-01 3.0956e-02 2.2683e-01 3.4818e-01  9.2876 < 2.2e-16 ***
Intercept15 3.8721e-01 3.9152e-02 3.1048e-01 4.6395e-01  9.8899 < 2.2e-16 ***
```

확률효과모형으로 6개의 변수 간의 상관계수를 추정한 결과는 위의 출력결과에서 Estimate 열의 Intercept1 ~ Intercept15 값을 살펴보면 된다. 출력결과를 토대로 추정된 합동상관행렬(pooled correlation matrix)을 작성하면 다음과 같게 된다.

변수	x_1	x_2	x_3	x_4	x_5	x_6
x_1	1	0.3946	0.3191	0.3204	0.2564	0.2072
x_2	–	1	0.4224	0.3449	0.2905	0.2681
x_3	–	–	1	0.3439	0.3082	0.2487
x_4	–	–	–	1	0.2453	0.2875
x_5	–	–	–	–	1	0.3872
x_6	–	–	–	–	–	1

3) 메타분석적 구조방정식모형 분석하기

메타분석적 구조방정식모형 분석을 위해서는 경로모형 분석과 마찬가지로 경로계수 행렬(A)과 상관행렬(S)은 물론 명시변수와 잠재변수 간의 관계를 나타내는 요인적재행렬 (factor loadings matrix)이 필요하다. 예제에서 다루고 있는 3-요인 6-측정변수 구조방정식 모형은 3개의 잠재 외생변수(F_1, F_2, F_3)와 6개의 명시 내생변수(X_1, X_2, X_3, X_4, X_5, X_6)와 6개의 잠재 오차변수(ϵ_1, ϵ_2, ϵ_3, ϵ_4, ϵ_5, ϵ_6)로 이루어져 있다. 측정변수(manifest variable)를 종속변수 놓고 잠재변수(manifest variable)를 독립변수로 설정한 후 측정변수와 잠재변수의 관계를 요인모형(factor model)의 식으로 표현하면 다음과 같게 된다.

$$\underline{X} = \begin{pmatrix} X_1 \\ X_2 \\ X_3 \\ X_4 \\ X_5 \\ X_6 \end{pmatrix} = \begin{pmatrix} \lambda_{11} & 0 & 0 \\ \lambda_{21} & 0 & 0 \\ 0 & \lambda_{32} & 0 \\ 0 & \lambda_{42} & 0 \\ 0 & 0 & \lambda_{53} \\ 0 & 0 & \lambda_{63} \end{pmatrix} \begin{pmatrix} F_1 \\ F_2 \\ F_3 \end{pmatrix} + \begin{pmatrix} \epsilon_1 \\ \epsilon_2 \\ \epsilon_3 \\ \epsilon_4 \\ \epsilon_5 \\ \epsilon_6 \end{pmatrix} = \Lambda \, \underline{F} + \underline{\epsilon}$$

위의 관계식에서 요인적재(factor loadings) 행렬(Λ)을 구하기 위해서는 측정변수와 오차변수를 제외한 잠재변수 중에서 측정변수가 무엇인지를 선택할 수 있는 정보를 제공하는 선택행렬이 필요하며 Jak(2015)은 이러한 선택행렬(selection matrix)을 행렬 F(matrix F)라고 부르고 있다. 선택행렬 F와 더불어 요인적재행렬(Λ)을 설정하여야 하며, 이를 토대로 행렬 A를 구할 수 있다. **metaSEM** 패키지에서 선택행렬과 요인적재행렬(factor loadings matrix)을 설정하는 방법과 출력결과는 다음과 같다.

```
> F = create.Fmatrix(c(1,1,1,1,1,1,0,0,0), name="F")
> F
> lambda = matrix(
    c("0.5*L11", 0, 0,
      "0.5*L21", 0, 0,
      0, "0.5*L32", 0,
      0, "0.5*L42", 0,
      0, 0, "0.5*L53",
      0, 0, "0.5*L63"),
    nrow=6, ncol=3, byrow = TRUE)
> lambda
```

```
> F
FullMatrix 'F'

$labels: No labels assigned.

$values
     [,1] [,2] [,3] [,4] [,5] [,6] [,7] [,8] [,9]
[1,]    1    0    0    0    0    0    0    0    0
[2,]    0    1    0    0    0    0    0    0    0
[3,]    0    0    1    0    0    0    0    0    0
[4,]    0    0    0    1    0    0    0    0    0
[5,]    0    0    0    0    1    0    0    0    0
[6,]    0    0    0    0    0    1    0    0    0


> lambda
      [,1]         [,2]          [,3]
[1,] "0.5*L11"    "0"           "0"
[2,] "0.5*L21"    "0"           "0"
[3,] "0"          "0.5*L32"     "0"
[4,] "0"          "0.5*L42"     "0"
[5,] "0"          "0"           "0.5*L53"
[6,] "0"          "0"           "0.5*L63"
```

출력결과를 살펴보면 3-요인 6-측정변수에서 선택행렬은 6개의 측정변수와 3개의 잠 재변수 중에서 측정변수가 무엇인지를 나타내는 행렬로 행(row)의 수는 측정변수의 수와 같고, 열(column)의 수는 측정변수의 수와 잠재변수의 수의 합과 같다. 본 예제에서 다루 고 있는 3-요인 6-측정변수 구조방정식모형에서 데이터프레임 lambda가 제공하는 값은 본질적으로 요인적재행렬이다. 측정변수(manifest variable)와 잠재변수(manifest variable)를 독립변수와 종속변수로 설정한 후 측정변수와 잠재변수의 관계를 식으로 표현하면 다음 과 같게 된다.

$$\left(\frac{X}{F}\right) = \begin{pmatrix} X_1 \\ X_2 \\ X_3 \\ X_4 \\ X_5 \\ X_6 \\ F_1 \\ F_2 \\ F_3 \end{pmatrix} = \begin{pmatrix} 0\,0\,0\,0\,0\,0 & \lambda_{11} & 0 & 0 \\ 0\,0\,0\,0\,0\,0 & \lambda_{21} & 0 & 0 \\ 0\,0\,0\,0\,0\,0 & 0 & \lambda_{32} & 0 \\ 0\,0\,0\,0\,0\,0 & 0 & \lambda_{42} & 0 \\ 0\,0\,0\,0\,0\,0 & 0 & 0 & \lambda_{53} \\ 0\,0\,0\,0\,0\,0 & 0 & 0 & \lambda_{63} \\ 0\,0\,0\,0\,0\,0 & 0 & 0 & 0 \\ 0\,0\,0\,0\,0\,0 & 0 & 0 & 0 \\ 0\,0\,0\,0\,0\,0 & 0 & 0 & 0 \end{pmatrix} \begin{pmatrix} X_1 \\ X_2 \\ X_3 \\ X_4 \\ X_5 \\ X_6 \\ F_1 \\ F_2 \\ F_3 \end{pmatrix} + \begin{pmatrix} \epsilon_1 \\ \epsilon_2 \\ \epsilon_3 \\ \epsilon_4 \\ \epsilon_5 \\ \epsilon_6 \\ \zeta_1 \\ \zeta_2 \\ \zeta_3 \end{pmatrix} = A\left(\frac{X}{F}\right) + \left(\frac{\epsilon}{\zeta}\right)$$

경로계수 행렬(A)를 Jak(2015)은 행렬 A(matrix A)라고 부르고 있다. **metaSEM** 패키지에서 경로계수를 설정하는 방법과 출력결과는 다음과 같다.

```
> A <- rbind(cbind(matrix(0,ncol=6,nrow=6), lambda),
         matrix(0, nrow=3, ncol=9))
> A <- as.mxMatrix(A)
> dimnames(A) <- list(c("x1","x2","x3","x4","x5","x6","F1","F2","F3"),
              c("x1","x2","x3","x4","x5","x6","F1","F2","F3"))
> A
```

```
FullMatrix 'A'

$labels
   x1 x2 m1 m2 y1 y2    F1    F2     F3
x1 NA NA NA NA NA NA "L11" NA     NA
x2 NA NA NA NA NA NA "L21" NA     NA
m1 NA NA NA NA NA NA    NA "L32"   NA
m2 NA NA NA NA NA NA    NA "L42"   NA
y1 NA NA NA NA NA NA    NA    NA "L53"
y2 NA NA NA NA NA NA    NA    NA "L63"
F1 NA NA NA NA NA NA    NA    NA     NA
F2 NA NA NA NA NA NA    NA    NA     NA
F3 NA NA NA NA NA NA    NA    NA     NA
```

```
$values
   x1 x2 m1 m2 y1 y2 F1  F2  F3
x1  0  0  0  0  0  0 0.5 0.0 0.0
x2  0  0  0  0  0  0 0.5 0.0 0.0
m1  0  0  0  0  0  0 0.0 0.5 0.0
m2  0  0  0  0  0  0 0.0 0.5 0.0
y1  0  0  0  0  0  0 0.0 0.0 0.5
y2  0  0  0  0  0  0 0.0 0.0 0.5
F1  0  0  0  0  0  0 0.0 0.0 0.0
F2  0  0  0  0  0  0 0.0 0.0 0.0
F3  0  0  0  0  0  0 0.0 0.0 0.0


$free
        x1     x2     m1     m2     y1     y2     F1     F2     F3
x1 FALSE FALSE FALSE FALSE FALSE FALSE  TRUE FALSE FALSE
x2 FALSE FALSE FALSE FALSE FALSE FALSE  TRUE FALSE FALSE
m1 FALSE FALSE FALSE FALSE FALSE FALSE FALSE  TRUE FALSE
m2 FALSE FALSE FALSE FALSE FALSE FALSE FALSE  TRUE FALSE
y1 FALSE FALSE FALSE FALSE FALSE FALSE FALSE FALSE  TRUE
y2 FALSE FALSE FALSE FALSE FALSE FALSE FALSE FALSE  TRUE
F1 FALSE FALSE FALSE FALSE FALSE FALSE FALSE FALSE FALSE
F2 FALSE FALSE FALSE FALSE FALSE FALSE FALSE FALSE FALSE
F3 FALSE FALSE FALSE FALSE FALSE FALSE FALSE FALSE FALSE
```

경로계수 행렬을 설정한 다음에는 측정변수와 잠재 오차변수의 분산-공분산행렬 S(matrix S)를 설정하여야 한다. 예제로 다루고 있는 3-요인 6-측정변수 구조방정식모형에서 측정변수는 측정변수에 대한 구조방정식모형에서 y-변수 역할을 하며, 잠재변수는 잠재변수에 대한 구조방정식모형에서 ξ-변수 역할을 한다. 따라서 예제로 다루고 있는 구조방정식모형에서 측정변수는 서로 독립이며, 측정변수(y)와 잠재 외생변수(ξ) 또한 서로 독립이고, 잠재 외생변수는 서로 상관관계가 있다는 것을 가정하고 있다. 측정변수 X의 오차벡터(ϵ)의 분산-공분산 행렬(Θ_ϵ)은 다음과 같게 된다.

$$Cov\left(\underline{\epsilon}\right) = \begin{pmatrix} \theta_1^2 & 0 & 0 & 0 & 0 & 0 \\ 0 & \theta_2^2 & 0 & 0 & 0 & 0 \\ 0 & 0 & \theta_3^2 & 0 & 0 & 0 \\ 0 & 0 & 0 & \theta_4^2 & 0 & 0 \\ 0 & 0 & 0 & 0 & \theta_5^2 & 0 \\ 0 & 0 & 0 & 0 & 0 & \theta_6^2 \end{pmatrix}$$

다음으로 표준화된(standardized) 잠재변수 $\underline{F}$의 분산-공분산 행렬(Φ)은 다음과 같게 된다.

$$Cov\left(\underline{F}\right) = \begin{pmatrix} 1 & \phi_{21} & \phi_{31} \\ \phi_{21} & 1 & \phi_{32} \\ \phi_{31} & \phi_{32} & 1 \end{pmatrix}$$

따라서 오차벡터와 잠재변수를 하나의 벡터로 묶은 $\left(\dfrac{\epsilon}{\underline{F}}\right)$의 분산-공분산 행렬은 다음과 같게 된다.

$$Cov\left(\frac{\epsilon}{\underline{F}}\right) = \Sigma = \begin{pmatrix} \theta_1^2 & 0 & 0 & 0 & 0 & 0 & 0 & 0 & 0 \\ 0 & \theta_2^2 & 0 & 0 & 0 & 0 & 0 & 0 & 0 \\ 0 & 0 & \theta_3^2 & 0 & 0 & 0 & 0 & 0 & 0 \\ 0 & 0 & 0 & \theta_4^2 & 0 & 0 & 0 & 0 & 0 \\ 0 & 0 & 0 & 0 & \theta_5^2 & 0 & 0 & 0 & 0 \\ 0 & 0 & 0 & 0 & 0 & \theta_6^2 & 0 & 0 & 0 \\ 0 & 0 & 0 & 0 & 0 & 0 & 1 & \phi_{21} & \phi_{31} \\ 0 & 0 & 0 & 0 & 0 & 0 & \phi_{21} & 1 & \phi_{32} \\ 0 & 0 & 0 & 0 & 0 & 0 & \phi_{31} & \phi_{32} & 1 \end{pmatrix}$$

metaSEM 패키지에서 오차벡터와 잠재변수를 하나로 묶은 벡터의 분산-공분산 행렬을 구하는 방법과 출력결과는 다음과 같다.

```
> # the residual variances of the observed variables: Theta
> theta <- matrix(0,nrow = 6,ncol = 6)
> diag(theta) <- c("0.1*t11","0.1*t22","0.1*t33","0.1*t44","0.1*t55","0.1*t66")
> #
> # the variances of the latent variables: Phi
> phi <- matrix(
  c(1,"0.1*phi21","0.1*phi31",
    "0.1*phi21",1,"0.1*phi32",
    "0.1*phi31","0.1*phi32",1),
  nrow = 3,
  ncol = 3)
> # Matrix S: the variances-covariances matrix
> S <- bdiagMat(list(theta, phi))
> S <- as.mxMatrix(S)
> dimnames(S) <- list(c("x1","x2","m1","m2","y1","y2","F1","F2","F3"),
              c("x1","x2","m1","m2","y1","y2","F1","F2","F3"))
> #
> S
```

```
FullMatrix 'S'

$labels
      x1     x2     m1     m2     y1     y2     F1      F2      F3
x1  "t11"   NA     NA     NA     NA     NA     NA      NA      NA

x2   NA   "t22"    NA     NA     NA     NA     NA      NA      NA

m1   NA     NA   "t33"    NA     NA     NA     NA      NA      NA

m2   NA     NA     NA   "t44"    NA     NA     NA      NA      NA

y1   NA     NA     NA     NA   "t55"    NA     NA      NA      NA

y2   NA     NA     NA     NA     NA   "t66"    NA      NA      NA

F1   NA     NA     NA     NA     NA     NA     NA    "phi21" "phi31"

F2   NA     NA     NA     NA     NA     NA   "phi21"   NA    "phi32"

F3   NA     NA     NA     NA     NA     NA   "phi31" "phi32"   NA
```

```
$values
    x1  x2  m1  m2  y1  y2  F1  F2  F3
x1 0.1 0.0 0.0 0.0 0.0 0.0 0.0 0.0 0.0
x2 0.0 0.1 0.0 0.0 0.0 0.0 0.0 0.0 0.0
m1 0.0 0.0 0.1 0.0 0.0 0.0 0.0 0.0 0.0
m2 0.0 0.0 0.0 0.1 0.0 0.0 0.0 0.0 0.0
y1 0.0 0.0 0.0 0.0 0.1 0.0 0.0 0.0 0.0
y2 0.0 0.0 0.0 0.0 0.0 0.1 0.0 0.0 0.0
F1 0.0 0.0 0.0 0.0 0.0 0.0 1.0 0.1 0.1
F2 0.0 0.0 0.0 0.0 0.0 0.0 0.1 1.0 0.1
F3 0.0 0.0 0.0 0.0 0.0 0.0 0.1 0.1 1.0

$free
        x1     x2     m1     m2     y1     y2     F1     F2     F3
x1   TRUE FALSE FALSE FALSE FALSE FALSE FALSE FALSE FALSE
x2  FALSE  TRUE FALSE FALSE FALSE FALSE FALSE FALSE FALSE
m1  FALSE FALSE  TRUE FALSE FALSE FALSE FALSE FALSE FALSE
m2  FALSE FALSE FALSE  TRUE FALSE FALSE FALSE FALSE FALSE
y1  FALSE FALSE FALSE FALSE  TRUE FALSE FALSE FALSE FALSE
y2  FALSE FALSE FALSE FALSE FALSE  TRUE FALSE FALSE FALSE
F1  FALSE FALSE FALSE FALSE FALSE FALSE FALSE  TRUE  TRUE
F2  FALSE FALSE FALSE FALSE FALSE FALSE  TRUE FALSE  TRUE
F3  FALSE FALSE FALSE FALSE FALSE FALSE  TRUE  TRUE FALSE
```

메타분석적 구조방정식모형 분석을 위하여 선택행렬(matrix F), 경로계수 행렬(matrix A), 분산-공분산 행렬(S)을 구한 후 다음 단계는 **tssem2()** 함수를 이용하며 구조방정식모형을 분석하는 단계로 그 방법과 출력결과는 다음과 같다.

```
> stage2random <- tssem2(stage1random, Amatrix=A, Smatrix=S,
              Fmatrix=F, diag.constraints=TRUE, intervals="LB")
> summary(stage2random)
> stage2random=rerun(stage2random)
> summary(stage2random)
```

```
95% confidence intervals: Likelihood-based statistic
Coefficients:
       Estimate Std.Error  lbound  ubound z value Pr(>|z|)
L32     0.60545        NA 0.53020 0.68323      NA       NA
L42     0.57089        NA 0.49770 0.64655      NA       NA
L11     0.57726        NA 0.50861 0.64796      NA       NA
L21     0.68524        NA 0.60811 0.76573      NA       NA
L53     0.65257        NA 0.56581 0.74212      NA       NA
L63     0.59562        NA 0.51655 0.67889      NA       NA
phi21   0.92267        NA 0.79561 1.07558      NA       NA
phi31   0.65986        NA 0.56283 0.77551      NA       NA
phi32   0.75088        NA 0.63101 0.89400      NA       NA
t33     0.63343        NA 0.53320 0.71889      NA       NA
t44     0.67408        NA 0.58197 0.75229      NA       NA
t11     0.66677        NA 0.58015 0.74132      NA       NA
t22     0.53044        NA 0.41365 0.63020      NA       NA
t55     0.57416        NA 0.44926 0.67986      NA       NA
t66     0.64524        NA 0.53910 0.73317      NA       NA

Goodness-of-fit indices:
                                             Value
Sample size                              2849.0000
Chi-square of target model                  4.3133
DF of target model                          6.0000
p value of target model                     0.6344
Number of constraints imposed on "Smatrix"  6.0000
DF manually adjusted                        0.0000
Chi-square of independence model          661.8348
DF of independence model                   15.0000
RMSEA                                        0.0000
RMSEA lower 95% CI                           0.0000
RMSEA upper 95% CI                           0.0201
SRMR                                         0.0190
TLI                                          1.0065
CFI                                          1.0000
AIC                                         -7.6867
BIC                                        -43.4151
```

출력결과를 보면, 연구모형의 적합도 검정에 대한 검정통계량의 값은 $\chi^2_{(df=6)} = 4.31$ 이고, 유의확률(p-value)의 값은 0.6344로 일반적인 유의수준 0.05보다 큰 것으로 나타났으며, RMSEA 값은 0.0으로 권장되는 값 0.05보다 작게 나타났고, CFI 값 또한 1.0으로 적합성 충족 기준인 0.9보다 큰 것으로 나타났다. 따라서 3-요인 6-측정변수로 구성된 구조방정식모형은 적합한 것으로 판단된다.

앞의 구조방정식모형은 3개의 잠재변수 간의 관계에 대한 모형이다. 이러한 모형은 [그림 4-10]과 같은 구조방정식모형과 본질적으로 적합도 측면에서 동일하다.

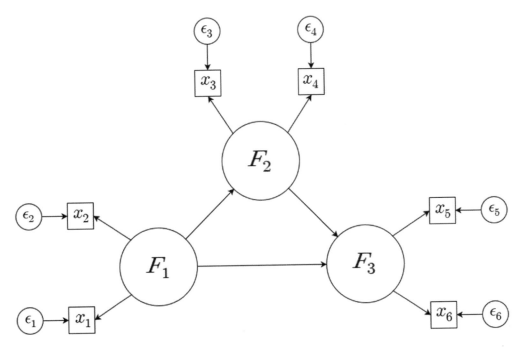

[그림 4-10] 구조방정식모형: 3-요인 6-측정변수모형(잠재 내생변수의 잠재오차변수 미표시)

[그림 4-10]의 구조방정식모형을 잠재변수에 대한 구조방정식모형 식과 측정변수에 대한 구조방정식모형 식으로 표현하면 다음과 같다.

잠재변수에 대한 구조방정식

$$\begin{pmatrix} F_2 \\ F_3 \end{pmatrix} = \begin{pmatrix} 0 & 0 \\ \beta_{32} & 0 \end{pmatrix} \begin{pmatrix} F_2 \\ F_3 \end{pmatrix} + \begin{pmatrix} \gamma_{21} \\ \gamma_{31} \end{pmatrix} (F_1) + \begin{pmatrix} \zeta_2 \\ \zeta_3 \end{pmatrix}$$

명시변수에 대한 구조방정식

- 외생변수에 대한 구조방정식:

$$\begin{pmatrix} x_1 \\ x_2 \end{pmatrix} = \begin{pmatrix} \lambda_{11} \\ \lambda_{21} \end{pmatrix} (F_1) + \begin{pmatrix} \epsilon_1 \\ \epsilon_2 \end{pmatrix}$$

- 내생변수에 대한 구조방정식:

$$\begin{pmatrix} x_3 \\ x_4 \\ x_5 \\ x_6 \end{pmatrix} = \begin{pmatrix} \lambda_{32} & 0 \\ \lambda_{42} & 0 \\ 0 & \lambda_{53} \\ 0 & \lambda_{63} \end{pmatrix} \begin{pmatrix} F_2 \\ F_3 \end{pmatrix} + \begin{pmatrix} \epsilon_3 \\ \epsilon_4 \\ \epsilon_5 \\ \epsilon_6 \end{pmatrix}$$

이를 전체적으로 함께 표현하면 다음과 같다.

$$\begin{pmatrix} x_1 \\ x_2 \\ x_3 \\ x_4 \\ x_5 \\ x_6 \\ F_1 \\ F_2 \\ F_3 \end{pmatrix} = \begin{pmatrix} 0&0&0&0&0&0&\lambda_{11}&0&0 \\ 0&0&0&0&0&0&\lambda_{21}&0&0 \\ 0&0&0&0&0&0&0&\lambda_{32}&0 \\ 0&0&0&0&0&0&0&\lambda_{42}&0 \\ 0&0&0&0&0&0&0&0&\lambda_{53} \\ 0&0&0&0&0&0&0&0&\lambda_{63} \\ 0&0&0&0&0&0&0&0&0 \\ 0&0&0&0&0&0&\gamma_{21}&0&0 \\ 0&0&0&0&0&0&\gamma_{31}&\beta_{32}&0 \end{pmatrix} \begin{pmatrix} x_1 \\ x_2 \\ x_3 \\ x_4 \\ x_5 \\ x_6 \\ F_1 \\ F_2 \\ F_3 \end{pmatrix} + \begin{pmatrix} \epsilon_1 \\ \epsilon_2 \\ \epsilon_3 \\ \epsilon_4 \\ \epsilon_5 \\ \epsilon_6 \\ \xi_1 \\ \zeta_2 \\ \zeta_3 \end{pmatrix} = A \begin{pmatrix} \underline{x} \\ \underline{F} \end{pmatrix} + \begin{pmatrix} \underline{\epsilon} \\ \xi_1 \\ \zeta_2 \\ \zeta_3 \end{pmatrix}$$

따라서 오차벡터의 분산-공분산 행렬은 다음과 같게 된다.

$$Cov \begin{pmatrix} \underline{\epsilon} \\ \xi_1 \\ \zeta_2 \\ \zeta_3 \end{pmatrix} = Cov \begin{pmatrix} \underline{\epsilon} \\ \xi_1 \\ \zeta_2 \\ \zeta_3 \end{pmatrix} = \Sigma = \begin{pmatrix} \theta_1^2&0&0&0&0&0&0&0&0 \\ 0&\theta_2^2&0&0&0&0&0&0&0 \\ 0&0&\theta_3^2&0&0&0&0&0&0 \\ 0&0&0&\theta_4^2&0&0&0&0&0 \\ 0&0&0&0&\theta_5^2&0&0&0&0 \\ 0&0&0&0&0&\theta_6^2&0&0&0 \\ 0&0&0&0&0&0&1&0&0 \\ 0&0&0&0&0&0&0&\psi_2^2&0 \\ 0&0&0&0&0&0&0&0&\psi_3^2 \end{pmatrix}$$

위의 구조방정식모형을 분석하는 방법과 그 출력결과는 다음과 같다.

```
> varnames = c("x1","x2","m1","m2","y1","y2","F1","F2","F3")
> A2 <- create.mxMatrix(
  c( 0,0,0,0,0,0,"0.1*L11",0,0,
     0,0,0,0,0,0,"0.1*L21",0,0,
     0,0,0,0,0,0,0,"0.1*L32",0,
     0,0,0,0,0,0,0,"0.1*L42",0,
     0,0,0,0,0,0,0,0,"0.1*L53",
     0,0,0,0,0,0,0,0,"0.1*L63",
     0,0,0,0,0,0,0,0,0,0,
     0,0,0,0,0,0,"0.1*g21",0,0,
     0,0,0,0,0,0,"0.1*g31","0.1*b32",0),
     type = "Full", nrow = 9, ncol = 9, byrow = TRUE, name = "A")
> dimnames(A2) <- list(varnames, varnames)
> S2 = create.mxMatrix(
     c("1*t11",
       0,"1*t22",
       0,0,"1*t33",
       0,0,0,"1*t44",
       0,0,0,0,"1*t55",
       0,0,0,0,0,"1*t66",
       0,0,0,0,0,0,1,
       0,0,0,0,0,0,0,0,"1*psi_22",
       0,0,0,0,0,0,0,0,0,"1*psi_33"),
       type="Symm", byrow=TRUE, name="S",
       dimnames = list(varnames,varnames))
> stage2random <- tssem2(stage1random, Amatrix=A2, Smatrix=S2,
                   Fmatrix=F, diag.constraints=TRUE, intervals="LB")
> summary(stage2random)
```

95% confidence intervals: Likelihood-based statistic
Coefficients:

	Estimate	Std.Error	lbound	ubound	z value	Pr(>|z|)
g21	0.92267	NA	0.79561	1.07558	NA	NA
g31	-0.22167	NA	-143.54081	4.56707	NA	NA
b32	0.95541	NA	-170.73154	18.77350	NA	NA
L32	0.60545	NA	0.53022	0.68322	NA	NA
L42	0.57089	NA	0.49772	0.64656	NA	NA
L11	0.57726	NA	0.50900	0.64796	NA	NA
L21	0.68524	NA	0.60857	0.76569	NA	NA
L53	0.65257	NA	0.56582	0.74212	NA	NA
L63	0.59562	NA	0.51659	0.67885	NA	NA
psi_22	0.14868	NA	-0.15687	0.36701	NA	NA
psi_33	0.42887	NA	-9.37782	0.59045	NA	NA
t33	0.63343	NA	0.53321	0.71885	NA	NA
t44	0.67408	NA	0.58197	0.75227	NA	NA
t11	0.66677	NA	0.58015	0.74132	NA	NA
t22	0.53044	NA	0.41367	0.63020	NA	NA
t55	0.57416	NA	0.44926	0.67985	NA	NA
t66	0.64524	NA	0.53917	0.73314	NA	NA

Goodness-of-fit indices:

	Value
Sample size	2849.0000
Chi-square of target model	4.3133
DF of target model	6.0000
p value of target model	0.6344
Number of constraints imposed on "Smatrix"	8.0000
DF manually adjusted	0.0000
Chi-square of independence model	661.8348
DF of independence model	15.0000
RMSEA	0.0000
RMSEA lower 95% CI	0.0000
RMSEA upper 95% CI	0.0201
SRMR	0.0190
TLI	1.0065
CFI	1.0000
AIC	-7.6867
BIC	-43.4151

출력결과를 살펴보면 잠재변수 간의 상관관계를 가정한 구조방정식모형 분석 결과의 적합도 검정 결과와 정확히 일치하고, 잠재변수 간의 상관계수를 제외한 나머지 측정변수 구조방정식모형의 오차변수에 대한 분산($\theta_i^2, i = 1, \cdots, 6$)의 추정 값과 잠재변수와 명시변수의 관계를 나타내는 경로계수($\lambda_{11}, \lambda_{21}, \lambda_{32}, \lambda_{42}, \lambda_{53}, \lambda_{63}$)의 추정 값 또한 완벽하게 일치되는 것을 알 수 있다.